領導，
轉型！

別當整天瞎忙的主管

揮別老掉牙的NG管理方法，
用全新思維掌握企業未來！

經典管理學理論 × 商界巨擘的應用成功案例 × 具體實踐指南

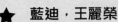 ★ 藍迪．王麗榮　著

投資人才市場，鍛鍊精準眼光，教你尋得那匹專屬千里馬

理論與實務結合，為你的領導力造出穩固地基！

目錄

第六章　團隊統御，協同作戰

前言

　　無能？沒有上進心？獨裁？冷酷？這些往往是員工私下對上司的評價，也許你對這些評價置之不理，認為這是無稽之談，也許你對這些評價恨之入骨，認為這是在無理取鬧，也許你認為員工不理解你，認為這是對你的偏見。然而，不知作為上司的你是否想過，為什麼員工會有這種想法，為什麼你會被戴上這麼多帽子，主要的原因就是因為你的「領導不力」。

　　那麼一位優秀的領導者，如何有力地帶領他的員工、他的公司一起走向輝煌，創造業績，讓員工感覺到你這位上司很出色呢？

魅力勝於權力，魅力就是影響力

　　領導能力的最重要的一項，應該是領袖魅力。權力是法定的，外界賦予的；魅力則是領導者自身的行為和涵養形成的。魅力源於領導者個人的品格、意志、權力、權威以及職務、地位等多方面因素而產生出來的感召力和向心力。魅力會給領導者帶來巨大的影響力，使人產生敬佩感，促使人們自覺模仿、追隨。總之，領導者能否贏得人心的重要特質，是領導者的魅力。無論是多麼出色的領導者，如果沒有魅力，那他的影響力就會蕩然無存，他的魅力也便無從談起了。

慧眼識才，得士則強

　　什麼是一個企業中的「金子」？企業的金子就是人才，優秀的領導者都是「淘金者」，能夠及時挖掘埋藏在企業中的「金子」，並讓他們閃耀出奪目的光芒，是每一位領導者應當具備的能力。

用人得法,不拘一格

古人說過:「熟識韜略者,讓他運籌帷幄;勇猛無畏者,讓他持刀殺敵。位能匹配,相得益彰。」領導者用人要有膽量,做到求才若渴,視野開闊,廣泛察人、選人、用人,不拘一格,千變萬化,因人而用。凡這些,都證明領導者會用人,反之就證明領導者不會用人。

為將之道,當先育才

培訓,能打造一支打不敗的團隊;培訓,能打造一家打不敗的企業。在現代發展如此迅速的資訊社會,新技術不斷湧現,知識競爭越來越激烈,很多領導者由於疏於對員工進行培訓,最終使得員工因知識陳舊而不能勝任工作,使公司失去了競爭力。古人云:「工欲善其事,必先利其器。」對於企業來說,企業首先有人才,然後才能發展公司。所以,企業要帶動自己的員工成長,幫助員工成長,使員工成長為對企業有用的人才。

領導無形,管理有道

你不能因為自己是「領導者」就對別人頤指氣使,呼來喚去;也不能對下屬平等到他們瞧不起你、不把你當一回事的程度;你不能玩弄權術,讓別人都覺得你黑你壞,也不能誠實到你心裡有什麼事別人馬上就能看出來;你既不能城府太深,用心太過,也不能嘻嘻哈哈,隨隨便便;既不能冷酷到不近人情,又不能臉皮太薄,心腸太軟。你既要做到和藹可親、平易近人,又必須令出禁止,威嚴有度;既有菩薩心腸,又有魔鬼手段……管理是一門藝術,更是一套高深的謀略。

團隊統御,協同作戰

「團隊合作」是經營企業必不可少的手段。從社會資源來看,企業

間不同員工不斷進行重複的工作，使得社會資源無法整合，這對於整個企業來說，是一種浪費。只有不同員工間不斷進行人力資源整合，才能使得員工之間的競爭力得到提高，促使企業更快地成長。

授之以權，有效管理

從無形的權威到有形的權力，既是一個領導者成熟的過程，也是一個領導者成功或失敗的過程。作為一個企業的領袖，事必躬親並不一定能夠做好每一件事情，反而會讓你覺得焦頭爛額。聰明的商人應該充分利用他人的力量，把事情交給他人去做，自己只管重要的事情。能夠認識自己的才能，發現別人的才能，並將別人的才能為我所用，就等於找到了成功的力量。

智慧決策，運籌帷幄

美國著名決策大師赫伯·西蒙（Herbert Alexander Simon）說過：「決策是管理的心臟；管理是由一系列決策組成的；管理就是決策。」如果說管理的最大失誤是決策的失誤，那麼決策的最大失誤則是策略決策的失誤。所以，作為領導者，為了解決重大的現實問題，就需要採用科學的決策方法和技術，從若干個有價值的方案中選擇其中一個最佳方案，並在實施中加以完善和修正。

左右逢源，心通百通

作為一名領導者，要使所在部門有向心力、凝聚力、戰鬥力，除了嚴於律己、率先垂範之外，還必須具有高超的協調能力。協調好組織中各種關係是領導者最基本的工作，也是最見真功夫的工作。它是管理的必需，是領導者的天職。

不斷變革，別開生面

創新對企業經營有著非常重大的意義，俗話說：「流水不腐，戶樞不蠹。」對於經營者來說必須永保創新的青春，才能立足於商海。一旦你停止了創新，停止了進取，哪怕你是在原地踏步，其實也是在後退，因為其他的創富者在前進、在創新、在發展。所以說，領導者要想管理好團隊，把團隊一步步帶到更高的目標，就必須讓創新思維注入自己的大腦和管理中，時時刻刻去想創新，做到人無我有、人有我新。

本書圍繞以上幾個方面詳細系統地講述領導者必須遵守的領導法則，並輔以真實、典型、新鮮、趣味、可讀性強的事例，告訴你如何做好一位領導者，如何讓員工在你的公司看到希望，如何管理員工，如何幫助員工謀求發展，如何讓員工為公司盡心盡力，如何看穿不同的員工，如何使公司贏得發展……本書是一本有力的，不受時空限制的領導者原則集錦。如果你希望自己成為一名出色的領導者，那麼，以上幾方面是你必須要遵循的。掌握了這些祕訣，你就可以運籌帷幄，駕馭全域。摸透了這些方法，你就可以懂得種種管理手腕和用人原則，便可以與員工和諧相處，從容共事，進而成為一位優秀的領袖。

第一章

魅力勝於權力，魅力就是影響力

1. 有權力也要有魅力

馬克斯‧韋伯（Maximilian Karl Emil Weber）曾對領導者權威的合法來源（基礎）的問題作過深入、專門的研究，得出了一個經典的結論。他認為領導者權威的合法來源（基礎）主要有三個，由此形成了三種不同類型的領導者權威：傳統型、法理型、魅力型。

另外，從企業文化和企業管理的理論出發，對領導者的幾個定義也能印證這一點。領導者就是有追隨者的人。領導力就是獲得追隨者的能力。領袖魅力就是領導者擁有能對追隨者產生巨大影響的個人吸引力。概言之，有魅力的人才有追隨者，有追隨者的人才能成為領導者。這樣的領導者才能有權威，叫人信服。

那麼，所謂的領袖魅力是什麼呢？領袖魅力就是領導者所具備的非凡的特質，在領導狀態中表現為對追隨者的吸引力、凝聚力和感召力，並因此而形成領導者和追隨者之間的和諧關係。

領袖魅力雖然含有職務權力的因素，但更多的是個人影響力。領袖魅力是領導權力運用的最佳狀態，它以權威為基礎。但魅力主要不是依賴職位權力，權力只能「制人以體」，個人影響力才能「降人以心」。領導者憑藉個人的非凡品質和人格感召，激發起下屬追隨的願望，以至於渴望被領導，這正是魅力型領導者的力量源泉。領袖魅力公式是 99% 的個人影響力加上 1% 的職位權力。

領袖魅力的基礎大致由以下七種力量要素構成：

(1) 合法的力量

領導者地位身分的取得有其合法性、正當性，不同的職位便有一定的權力與責任。在合法的範圍內，他可提出要求、命令與指揮、調

度,因為他要對使命與目標負擔全部的責任。

(2) 獎酬的力量

對於下屬的表現予以評定,因其表現優異可給予各種酬賞肯定或讚美,滿足下屬需求。獎酬的方式有:金錢獎勵、晉升高位、認可表揚、彈性自由、進修成長、行動或決策參與、給予偏愛的工作等。

(3) 處罰的力量

若下屬的表現不符合要求或違抗命令,則對其行為有強制權,使其遭受損失或痛苦。採取紀律程序有下列方法:調職、扣薪、架空收回權力、降級、記過、解職。

(4) 專家的力量

對專業知識與技巧非常熟稔,經驗非常豐富,具有專家的形象與自信;遇有困難、危機能表現其專業與決斷;能保持專業知識的靈通;能了解下屬關心及所憂慮的事,並設法解決。

(5) 參照的力量

領導者本身的內在涵養、道德節操為下屬所接受、敬仰,可作為成員表率及模仿對象。平時生活與工作上能關懷下屬,以非正式溝通方法減少地位上的隔閡,與下屬建立亦師亦友的關係,自然可以以德服人影響下屬的行為。

(6) 資訊的力量

領導者所處職位決定了資訊的流向與內容,尤其此資訊對員工有利害關係時為最。領導者是否掌握下屬所需要的資訊,自己所獲得資訊有多少?願意分享的程度有多大?這些資訊力量都會影響下屬

的行為。

（7）關係的力量

因領導者對決策核心的接近，或因個人與上層有特殊關係，或所管轄部門績效特別顯著，使得個人前程看好，資源充裕，在光環效果之下，較易影響他人。

以上七種力量要素構成了領袖魅力的基礎，前三項為組織所賦予的正式權力，後面四項則屬於個人的影響力，也就是說魅力等於權力加上影響力的總和。那麼領袖魅力是不是一種神話，讓許多人都難以企及呢？其實不然，它還有一定的內在的規律性和科學性。領導者在認識領袖魅力之後，就可以有意識地培養領袖魅力。

美國領導學家托尼‧亞歷山卓（Tony Alessandra）認為：「魅力並不是建立在智商和遺傳的基礎之上，也不是建立在財產、幸運和社會地位的基礎之上；相反，它可以透過個人的努力而加以掌握。」

總之，有能力的人，不一定都有人格魅力。缺乏優秀的品格和個性魅力的領導者，即使你的能力再出色，員工對他的印象也會大打折扣，他的威信和影響力也會受到負面影響。只有結合權力與魅力，既統領下屬，又關懷下屬，領導者才會受到下屬的衷心愛戴，下屬才會對領導者心悅誠服！

> ★ 如果你想做團隊的領袖，那麼你的力量源自人格的魅力和號召力。

2. 建立領袖形象，提升個人魅力

有位著名企業管理專家曾經把企業比作是一匹馬，馬的四條腿分別由影響企業發展的四個核心因素組成，這些因素分別是：領導力，執行力，團結向上的組織氛圍和優秀的企業文化。在這些因素當中，領導力被放在了最為重要的位置，而要實現強而有力的領導力，領導者自身形象的塑造是至關重要的。

領導者形象的塑造是系統性的工程，它需要領導者不斷認識自我，並且透過各種不同的途徑去提高自己在員工乃至於整個企業中的形象。

所以，作為一名領導者，必須是個十分有涵養的人。領導者首先要有寬廣的心胸，善於求同存異，虛心聽取各種不同的意見和建議，不要總是對一些枝微末節斤斤計較，更不要對一些陳年舊帳念念不忘，領導者的一言一行，都會成為下屬在意的對象。

古語說：「宰相肚裡能撐船。」對於現代人來說，領導者的肚子裡要能開火車才行。對於具有不同脾氣、不同嗜好、不同優缺點的人，你要學會去團結他們，因為你是一位領導者，你必須具備一顆平常之心。

如果你的下屬看不起你，不尊重你，並且還和你鬧過彆扭，甚至你吃過他的虧、上過他的當，你仍要控制好自己的心態，去團結他。

也許你會說：我也曾努力試圖這樣做，但我就是做不到。

是的，這樣做，也許對你來說太苛刻了一點。但是如果你想一想，你有一天走進一家百貨公司購物，或者到一家理髮廳接受服務，如果服務員對你態度溫暖如春，你自然是心情舒暢，十分滿意；如果

對方一副冷冰冰的面孔，話語寒人，對你的合理要求不理不睬，進而聲色俱厲，你又會如何應對呢？

這種情況下，生氣是很難免的。如果你每每遇到此類情況，就和對方大吵大鬧一場，最後以悻悻離去而收場，冷靜下來，仔細想一想，難道你不該捫心自問：這樣兩敗俱傷，又何必呢？

其實仔細考慮一番，事情就是這麼簡單。

領導者只有敞開胸懷，團結各種類型的人，包括那些與自己有隔閡、有矛盾，甚至經常對你品頭論足、抱怨不休的人，才能群策群力，集思廣益，使自己所在單位的事業和自己的工作與日齊升。

在世界上，不會存在性格氣質完全相同的人，在一個團隊，每個人的個性也是不一樣的。在性格上，可能有內向和外向之分；在氣質上和工作能力上也各有各自的特長和不足。由於差異，有人做事可能果敢、俐落，性格剛強，辦事效率高，但無韌性；有人做事可能周到細緻，性格柔韌，辦事效率不高。如果在領導他人的過程中能看到彼此的特點，互相配合好，就能彌補各自缺陷，既把事情做好，又能和下屬打好關係，使團隊充滿活力，讓人對團隊有一種配合默契的感覺，對領導者的風格有一種欣賞心理，使領導者的感召力大大增強。

因此，領導者有寬容和相容的胸懷，就會使所屬群體中每個人的個性充分發揮而又不影響集體的發展。就像一個好的園丁，在他的花園裡，有百花齊放的景象，有爭奇鬥豔的風景；相反，如果領導者不理解他人的個性，不能容納他人的特點和要求，就會使人們之間的關係變得不融洽，甚至出現裂痕，給工作帶來嚴重的後果。

★ 領導者形象是企業的靈魂和代表，它外影響企業的形象，
內影響企業的凝聚力。

3. 領導者要培養非權力性影響力

　　成功的領導者不僅要靠權力性影響力，更要靠非權力性影響力。
領導者的非權力性影響力是一種精神力量，是領導者憑藉自己的品
德、才能、知識、情感等個人特質對被領導者產生的影響力，它是建
立在對領導者崇敬和信服的基礎上而產生的一種吸引力、感染力和凝
聚力。它完全是領導者自身特質和行為造成的。這種影響力能夠凝聚
人心，能發揮榜樣示範的作用，是實施權力性影響力的潤滑劑。因
此，擴大領導者非權力性影響力的影響，重要的是全面培養和修練領
導者的綜合特質；只有領導者的綜合特質被賦予了一種特殊的人格魅
力時，該領導者才具備一定的非權力性影響力。

　　培養非權力性影響力就要做好以下幾點：

(1) 領導者要有堅定的信心與意志力

　　信心和意志力是行動的基礎，是人生走向成功非常重要的心理特
質。一個領導者只有心裡充滿必勝的信念，對自己所從事的事業確信
無疑，並且有堅忍不拔的意志力，才可能邁出堅定的步伐，產生克服
萬難的力量、技巧和精力，想出解決問題的方法和對策，贏得他人的
信賴和支持，最後達到為之奮鬥的終點。

(2) 領導者要有率直的心胸

　　一個優秀的領導者應該有率直的心胸，因為任何人只要具備了率

直心胸，就能明是非、知善惡、有愛心、懂禮讓。

　　擁有率直心胸的領導者，能虛心地接受一切，不受外在事物的影響。他們一般都能遵循真理和正義，具有安全感，隨時保持大度的氣概。

　　擁有率直心胸的領導者，對待人生豁達開朗，一般擁有健康的身體，不會為不必要的事情大傷腦筋，更不會庸人自擾。在現實生活中，每個人都可能遇到不順心的事情，有率直心胸的人在遇到困難時總是以坦然、鎮定、理智的態度去面對。

　　具備率直心胸，就不會感情用事，減少產生爭執的原因。即使無意間說了傷害他人的話，也會以率直心胸來化解。

　　領導者培養並具備率直的心胸，不但會有寬容的氣度，也能用公正、客觀的態度辨別是非，並以負責的精神工作。

(3) 領導者要追求良好的人生之道

　　追求良好的人生之道是領導者進行人生境界修練的重要一環。人也好，物也好，按照黑格爾（Georg Wilhelm Friedrich Hegel）「存在即合理」的名言，領導者應以一種正常的心態去對待，循自然的理法不斷實踐，找出改變世界的方法。

(4) 領導者要學會改造自我

①勤學苦練

　　不斷地學習知識對現代社會的領導者來說是十分必要的，它是培養良好心理特質的重要途徑。然而，學習畢竟只是一種理念上的、停留在認知層次上的東西，它還沒有透過行動逐漸地滲透到人的本質中，沒得到鞏固，是一種飄忽不定的，沒有穩固下來的感受、認知。

所以領導者不僅要注意學習，更要重視苦練。苦練本身就是更深層次的學習，只有勤學苦練，才能培養領導者必須具備的堅韌意志。

②更新觀念

社會正處於轉型時期，一切均呈現多元化的狀態，許多現象並存。人們看待問題，評價事物的標準都發生了很大的變化，人們已能接受以前許多不理解或認為不合理的事情存在，這意味著人的價值標準、道德標準等等都在發生變化。然而，社會上仍有一部分人的觀念沒有轉變，對社會上的一些事情看不慣，對他人的行為要求非常苛刻，對一些事情會產生一些強烈的義憤情緒，在工作中、生活中難以心情舒暢，使自己有一種被社會拋棄、落伍的感覺。因此，更新觀念直接影響人們如何去觀察問題、認識問題和解決問題，影響對自己對他人的情緒反應和寬容程度。作為現代領袖有必要適應潮流發展，更新陳舊的觀念。

(5) 領導者要培養較高的情商 (EQ)

據國外的研究表明，決定一個人成功與否的因素，智商 (IQ) 只占 20% 的作用，而 80% 取決於社會因素和人格因素，即所謂的情商 (EQ)，即人的感情、意志、人際關係等。情商 (EQ) 的出現，打破了智商決定人終身成就的結論。因此，領導者必須培養較高的情商 (EQ)。

(6) 領導者要追求真善美的統一

真、善、美的統一是領導者領導實踐的結果。這個實踐既表現為客體原型的加工改造，又表現為主體需求的不斷修正、完善、臻美。因此真、善、美的統一，是領導者達到人生修練的最高境界。

> ★ 領導者的非權力性影響力，是領導者正確而有效地行使職權，充分發揮權力性影響力的作用，取得優異管理績效的重要保證。

4. 高尚的道德內涵，讓你更具人格魅力

一個成功的領導者，關鍵就在於他具有超過一般人的影響力，從而能更有效地影響或改變被領導者的心理和行為。只有良好的道德內涵才能引起大眾的認同感，從而賦予他們相應的權力。良好的品格造就優秀的領導者，惡劣的品行則是成功的絆腳石。

良好的品格可加強群體或組織的向心力，甚至使領導者和被領導者休戚與共、榮辱相依，從而加快組織目標實現的進度；如果品格低劣，即使大權在握，也不能實施有效管理。

良好的品格可以獲得同行的支持，雖然有時他們是你的競爭對手，但是，他們都是人，都存在美、醜、善、惡之分，良好的品格是對人的一種感染、一種震懾，良好的品格具備者常常是同行眼中的英雄。

良好的特質具有磁石般的力量

三國時，蜀國在諸葛亮過世後，由蔣琬主持朝政。蔣琬力守諸葛亮舊制，使蜀國安全如故。

蔣琬屬下有個官吏楊戲，此人性情孤僻，沉默寡言。一天，蔣琬來了，眾僚屬紛紛站起肅立，只有楊戲和平時一樣，伏在案上看資料。蔣琬見他工作認真，便上前說話，但楊戲對蔣琬的話不置可否，很少回答。

　　有些人對楊戲這種目無長上的作風看不慣，蔣琬卻不以為然，說：「每個人都有自己的個性，楊戲沒有回答我的問題，總比說違心的話好。楊戲不回答我的問題，是有他的為難之處，若表示贊同我的話，他心裡卻不同意；若公開表示不贊同，又顧及我的尊嚴，因此只好沉默不語。這倒是他爽快的地方，我不能責怪他。」

　　督農官楊敏，喜歡背後議論人。有一天與同僚議論起蔣琬來，其他人一味說蔣琬好，有的甚至把蔣琬與諸葛亮等量齊觀，楊敏不服氣，他說：「新相有德有才，但哪能與前相相比？我看新相做事有些糊塗，實在不及已故的諸葛丞相。」

　　有人把這話告訴蔣琬，並建議治楊敏之罪。蔣琬說：「我確實不如諸葛丞相，楊敏沒有錯。」後來，楊敏因別的事被捕入獄。人們紛紛議論：「楊敏得罪丞相，現在又犯了罪，看來是活不成了。」然而蔣琬在處理楊敏一案時毫無偏頗，秉公而斷，使他免於死罪。

　　蔣琬由於自己的器量寬宏，因而受到蜀國人民的稱讚，他所推行的政策也得到人們的擁護，既成就了國家，也成就了自我。蔣琬的確是一個有德之人，能容常人所不能容之事，又能做常人所不能做之事。其實，這也能看出他不僅是有德之人，也是有道之人，你看他在小的地方忍一忍、讓一讓，就能贏得朝野極大的讚譽，為他的政令在更大的範圍內暢通無阻打下基礎，豈不是智慧之舉嗎？

　　《禮記‧大學》中說：「自天子以至於庶人，壹是皆以修身為本。」古人認為，人都是有向善能力的，能不能真正成為一個「有德」的人，關鍵就在於能否進行道德修養；而「修身」乃是「治國」、「齊家」、「平天下」的基礎。因此，古人把「德量涵養，躬行踐履」本身視為一種重要的美德。在古人看來，人們的一切德行都是同他自身的道德修養分

不開的。

　　有德之人在奉行德義之時是出於良心和義務的需要，是他們的思想和人格修練到一定境界的自然產物，而不是工於心計、刻意為之。但我們也不得不承認，若從經濟和商業的立場來看，講道德也是一種很有長遠眼光的投資，能使你得到更大的報酬。

　　孔子說：「其身正，不令而行。」古今中外，以大德贏得人心而成眾星拱月之勢、成其偉業的領導者，無不為人稱頌。有些領導者過於相信權力地位，認為憑藉職權就可以使屬下歸服，其實這只能是服權，而不是服人，產生的力量也極其脆弱。

　　一個德高望重的領導者，即使他失去權力，仍會有眾多的追隨者；而一個品行不端的領導者，即使在他大權在握炙手可熱之際，正直的人們也會嗤之以鼻，至多是敬而遠之。領導者具有優良的品德、人格和作風，最容易使下級產生敬重感，吸引他們，使之心服。有句老話：「服人者，以德服為上，才服為中，力服為下。」把才服放在德服之下，雖然不一定完全合適，但它的精神卻是正確的。以才智和能力建立起的威信，常常是不穩固的，一旦下級的才能超過自己，或者自己在工作中出現重大失誤時，這種威信就會動搖，甚至消失，而以自己的高尚品德和人格建立起來的威信，則會經久不衰，永存於下級心中。

> ★　具有品格的人會放射出磁石般的力量，對於追隨他們的人來說，他們是最終目標的象徵，是希望的象徵。

5. 良好的領袖特質，讓你散發智慧的光彩

有個故事：

巴頓相信儀表很重要。他特殊的穿著包括一頂閃亮的頭盔，臀部兩邊各掛一把手槍，甚至在戰場上還繫著領帶。他的官兵老遠就認得出他來。

蒙哥馬利元帥以他的「貝雷帽」裝扮著稱。他在這種扁軟羊毛質料的小帽上，綴上他指揮的主要單位的隊徽，還隨時穿著一件套頭襯衫。他建立了一個自在、舒適的形象，哪怕是在戰鬥最激烈之際，官兵只要見到一位頭上戴著綴滿隊徽的軟帽、身上穿著一件套頭襯衫的人，立刻知道是他們的司令官來了。

氣質反映了一個領導者的基本精神面貌。領導者氣質方面的特徵會給工作打上特有的個性痕跡，因此領導者必須注意自己在氣質方面的修養。

領導者氣質表面看來是與領導者個人進行領導無關，但它們都對領導者的個人形象和領導事業是否成功，有著不可忽視的作用。所以，領導者在平時工作中應不斷加強對自己氣質的培養，如果我們在日常工作中，能夠注意到以下幾點，將會對培養我們的領袖特質有益處。

(1) 什麼是領袖特質

你是否有過這樣的困惑，為什麼同樣的一個建議，在你的口中說出與在他的口中說出所產生的是截然不同的兩種效果？在某種情況下，為什麼有著比他更出色才能的你，卻無法像他那樣得到團體的認可呢？你又是否意識到這種現象對你的晉升有著什麼樣的影響呢？

在任何一個團體中，總有某一個人充當著核心的角色，他的言行能夠被團體認可，並指引著團體的某一些決策和行動。我們可以把這種人所具備的人格魅力稱為「領袖特質」。具有這種領袖特質的並不一定是高層的管理者，在任何一個團體中，小到幾個人組成的辦公室，大到一個集團，總會有一個人具有說服他人、引導他人的能力。在某種程度上，「領袖特質」也可以被認為是人格魅力的一部分。

(2) 怎樣建立領袖特質

①誠實守信

在這個市場化的社會裡，在權力、金錢等各種欲望的充斥下，人與人之間變得爾虞我詐。於是「誠實」成了「老實」的代名詞，而「老實」又似乎成了「無能」的標誌。於是，剛從校園裡走出來的學生，也會為找一份理想的工作，而演繹出在履歷上出現了同一所大學有三個學生會會長的鬧劇，可是這種欺騙帶來的只是對自己前途的阻礙。

試想，一個欺詐、不講信用，連人格都讓人產生懷疑的人，怎麼可能在他人心裡建立權威形象呢？所以誠實守信是培養「領袖特質」的基本條件。

②善於傾聽

在職場上，學會如何表現自己是一件非常重要的事情。很多人認為「說」比「聽」更能展現自我，這並沒有錯，但是你是否想過自己所說的是不是能被團體所接受？

在日常生活中，有一些人在大家七嘴八舌討論時，總是一聲不響地在一邊靜靜地坐著，仔細聆聽著別人的發言，到最後關頭，他才會站出來果斷說出自己的意見。聽，首先是對他人的一種尊重，同時也可以幫助你了解別人的想法，了解別人的需求，了解自己和別人的差

異，知道自己的長處和不足，當你掌握了一切資訊以後，你所提出的意見就會站在一個新的起點上，站在團體的角度上。所以傾聽後的發言在某種時候，因為掌握了更多的資訊，見解也就更深入、更權威。如果你每一次的意見都是相對正確的，那麼就會自然而然地在他人心中占有一席之地。

③重視別人

你要讓別人重視你，建立起你的權威形象，就必須要學會重視別人。現代社會，生活節奏加快，交流增多，「嗨」一聲就可以認識一個新的朋友。也許對你來說，要記住每一張新面孔實在不是一件易事，於是，再次見面卻想不起他人名字的尷尬場景便會常常發生在我們身上。可是有誰意識到這其實是對他人的一種忽視和不尊重呢？心理學家發現，當許多人坐在一起討論某個問題時，如果你在發言中提到了多個同事的名字及他們說過的話時，那麼，被提到的那幾個同事就會對你的發言重視一些，也容易接受一些。為什麼一個稱呼會引起這麼大的魔力呢？那就是「被重視」這個因素在產生作用。所以，讓我們從記住別人的姓名做起，重視身邊的每一個人，從而得到他人的重視和尊重。

④從大局的利益出發

一個人待人處事如果只從自己的利益出發，那就不可能得到團體的認可，也談不上建立自己在他人心目中的權威形象。

小胡在一間集團的行銷部工作，每個月初，部門都會召集地區級主管開定價會議，可是不知道為什麼，小胡提出的定價總得不到認可，甚至還遭到負責其他地區同事的排斥，他覺得很苦惱。後來，在一次偶然的機會裡，另一個地區的主管對他吐苦水，讓他找出了緣

由。原來事情很簡單，因為小胡所在的地區銷售情況很好，而且競爭對手少，相對而言，就可以制定比較高的價格；可是其他地區競爭對手的實力較強，市場的運輸量又不是很大，銷售價格如果定得高，便不可能完成銷售目標。小胡只考慮到自己所在地區的情況，沒有從大局考慮，所以他所提議的定價自然得不到大家的認可。其實這種情況常常在我們的生活和工作中發生。因為人總是會自覺或不自覺地從自己的角度考慮和處理工作，所以只有學會設身處地地為他人著想，你才可以得到大家的信任。

⑤果斷提出你的意見

如果你做到了以上幾點，那麼相信你已經取得了大家的信任與尊重。但是如何來表現你的權威呢？必須要做到自己心裡有底，說話要堅決。

有些人，在工作中面對某些問題時，明明有自己的見解，卻思前想後，猶猶豫豫，等到其他同事提出時才懊悔不已，一次一次地錯過，使你失去了很多表現的機會；還有一些人，平時說話老是模稜兩可，明明是一個正確的意見，卻讓他人產生模糊的感覺，這也會讓他人對你的權威性產生懷疑。所以，當你考慮好了，請果斷地提出你的意見。

> ★ 作為企業或部門的領導者，無論年紀大小，都應具備鮮明的領袖特質，進而形成一種帶有個性化標籤的領導風格。

6. 親和力是管理者的首要特質

作為一個企業領導者，親和力非常重要。在事業發展的道路上，

一個小小的勝利可以由一個人單槍匹馬奪得，但那種最後的偉大勝利，就不可能靠單槍匹馬奪得了。要取得這種勝利，就必須有其他人參與。當你開始動員其他人一起為達到這個目標而工作時，你就跨進了領導者的行列；相反，缺乏這種能力的領導者會造成上層不滿意、下屬不開心，關係緊張，工作壓力大，默契無法形成，人人處在一種隔離的狀態中，最終會導致管理跟不上，工作難順暢，凝聚力難形成，整個企業如同一盤散沙。

在某些單位，一些領導階層幹部從不主動「走下去」與部屬溝通，即使路上偶爾遇見自己的部屬，也是表情淡漠、沒有笑臉，拒人於千里之外，讓人望而卻步；有些部屬在路上老遠見到他，也不願上前與之打招呼，要麼是惟恐「躲之不及」，想法繞開，要麼是表面極尊重，實際很疏遠，見面說話「哈哈哈」，話到嘴邊又咽下，不把真心交給你，不使出全力。這樣的領導者又怎麼當得好、當得下去呢？在這種領袖的帶領下，在這樣的工作生活環境下，部屬工作的積極性、能動性和創造性如何發揮出來呢？所以作為領導者，自己平時不能總高高在上，官氣十足，要「放下架子」，經常深入基層，親臨前線，貼近人群，多參加企業內部舉辦的各類活動，抓住與人群接觸的機會，切實了解、掌握他們的想法、工作動態，為他們排憂解難，讓他們全身心地投入到工作中去，提高工作效能，提升自己的親和力，這樣才有助於自己領導力的增強，才有助於企業的發展。

大學畢業後，有一位年輕人到一家外商公司做助理。

從一個大學裡的學生會會長變成別人的「助理」，他心裡十分難受，特別是其他員工動不動就使喚他做這做那，更讓他十分惱火，覺得這份工作讓自己尊嚴掃地，自己又不是奴才，憑什麼被他人指揮著

做牛做馬？

　　不過事後冷靜一想，他們並沒有錯，自己的工作就是這些。剛進公司的時候，王經理也事先對他這麼說過，但一涉及到具體事情，他的情緒就有點失控。有時咬牙切齒地工作完，又要笑容可掬地向有關人員匯報說：「我做好了！」有幾次還與同事爭吵起來。

　　所以，他感覺自己的日子從這個時候變得更不好過了，孤傲不成，倒是孤獨了。

　　這天，女祕書小張不在，王經理點名讓他到辦公室整理一下辦公桌，並為他煮了一杯咖啡，他硬著頭皮去了。王經理一眼就看出他的不滿，便一針見血地指出：「你覺得委屈是不是？你有才華，這點我信，但你必須從起點做起！」

　　他心裡一驚，「他竟然了解我！」他笑了笑，表示感謝。經理叫他先坐下來，聊聊近況。可惜沒有椅子啊，他總不能與經理並排坐在雙人沙發上吧？經理到底在開什麼玩笑？

　　這時，王經理有所指地說：「心懷不滿的人，永遠找不到一把舒適的椅子。」難得見到經理如此親切慈祥的面孔，他放鬆了好多。原來，經理不像一個「高高在上的人」，更像自己的一個朋友，只不過他是長輩，我需要尊敬他。

　　手忙腳亂弄好一杯咖啡後，他開始整理經理的桌子，其中有一盆黃沙，細細的、柔柔的，泛著一種陽光般的色澤。他覺得奇怪，這是做什麼用的呢？又不種仙人掌，這人真奇怪！

　　經理似乎看出了他的想法，伸手抓了一把沙，握拳，黃沙從指縫間滑落，很美！他神祕一笑：「你以為只有你心情不好、有脾氣，其實，我跟你一樣，但我已經學會控制情緒……」

　　原來那盆沙是用來消氣的，是經理一位研究心理學的朋友送的。每當他想發火時，就可以抓抓沙子，它能夠舒緩一個人緊張激動的情緒。朋友的這盆禮物，已伴隨他從青年走到中年，也教會他從一個魯莽的基層員工成為一名穩重、理性的管理者。王經理說：「先學會控制自己的情緒，才會管理好其他的人。」

　　年輕人的心一下子開朗了好多，忍不住抓了一把那黃金般的沙子。

　　好的領導者不是頤指氣使，而是處處擁有親和力。

　　親和力是一種難得的魅力，它能喚起人們的愛心，並使人願意與你交往，親和力在人的情感上是使情感依歸的起因，同時也是激發人際交往的動力，它對平衡人類心理和克服勢單力薄的不足，有著非常好的調節作用。它可以在無形之中縮短彼此之間的差距，進行平等的溝通。這一點對於領導者和員工來說尤其重要。

　　「親和力」作為領袖魅力是不可缺少的重要組成部分，即使是普通人仍然需要提升自己的「親和力」，增加自己的人格魅力，這樣才能促進我們的人際關係趨於和諧。

　　在生活當中，親和力和影響力經常是密不可分的，有影響力的人一定擁有非凡的親和力。就好像我們初見到一個人，他身上散發出一種獨特的力量，迫使我們不得不去喜歡他。那神祕的力量便是親和力，我們就是被這種力量給影響了。

　　領導者親和，走進員工心靈，則事半功倍。親和，要求領導者公平公正地對待每一名員工；親和，要求領導者在員工有事無事之時，都以一種平等的、朋友式的、信任的談話方式，多和員工們進行一些心與心的交流；親和，要求領導者在處理違紀行為時尊重員工，允許

員工充分發表自己的意見，即使是錯誤的，也能心平氣和地聽下去，不隨便打斷員工的談話，更不剝奪員工說話的權利；親和，要求領導者在「後進員工」出現錯誤時，不以勢壓人，做到措辭柔和，不傷害員工的人格和尊嚴。俗話說：樹怕傷根，人怕傷心。其實，工作中領導者一句肯定的話語、一個會意的微笑，都是「後進員工」進步的精神食糧。為此，領導者要善於發現「後進員工」的優點，並耐心去培養，使之不斷發揚，逐漸完善自我。只有在融洽的團體情感中，員工才會把領導者的責備看作是對自己的愛護，把表揚看作是對自己的鼓勵，從而自覺地把道德要求和行為規範轉化為自己的心理定勢和良好的習慣。

總之，親和力是一個人綜合特質的表現，是長期修練的結果。希望我們每個人都能注意這方面的修練。

> ★ 親和力的大小可能無法決定事情的成敗，但是卻可以影響
> 人際關係網的大小。

7. 領導者的熱情是企業的凝聚力

領袖、負責人比任何人都要有熱忱，越是熱心，對部下的建議越感到高興。聽到部下說一點點有益的事，都會為：「啊！我竟然沒發現，幸好他提醒了我！」而不勝欣悅。

如果缺乏熱忱，在部下提出建議的時候，可能會有一種；「你算哪根蔥？竟敢來指揮我？」的不悅反應，而部下當然也會很鬱悶：「難得想到好主意告訴他，誰知道好心被當作……下次還是算啦！」除非是非常傑出的領導者，否則多半會造成這種後果。

松下幸之助常常對處在各個職位上的負責人這樣講：

「在你的部門，有種類繁多的工作。那麼多的工作，即使你是部長，你也不可能是神仙，不可能什麼都會做。甚至有時候就某一項工作來說，你的部下更有才能；在他的專業領域，他比你更了不起。作為負責人、領導者，你雖無法在每個方面甚至專業技術方面指導他人，然而，由於你處在領導者的地位，你還是必須領導、必須管理。在這種情況下，什麼是重要的？那就是比誰都關心自己所在部門的經營，擁有不亞於任何人的熱情。知識、才能不及別人沒關係，因為優秀的人才很多，不及人家是常有的事；但是，對於做好此項工作的熱情，你應該是最高的，這樣大家才會動起來。如果不具備這一點，做部長就不合格了。

作為位居他人之上的管理者，我認為其中最重要的一點就是熱情。當然，作為位居他人之上的人，如果一切都優於他人的話，不用說，這是不可挑剔的。有知識、有本領、有才能，且人格又好的人當然是最理想的，但是，現實中這種一切都很出眾的人大概還不會有。就拿我本身來說，在其他方面也都像我說的那樣，學問、知識都沒有多少，不但說不上最高，倒可以說是處在最低的狀態，再加上身體不好，在這些事情上差不多劣於所有部下。但不管怎樣，作為社長和會長，位居大多數人之上，我對事業上的熱情從不亞於任何人，能夠讓每一個人都發揮出所具有的力量，所以我能夠長期勝任重要的職務，我常常想，經營這家商店、這家公司，自己一定要比任何人都有熱情，這是最重要的事。正因為我有這種熱情，員工們也就產生『他像父親那樣熱心於公司，我們又有什麼理由不好好工作』的情感。換句話說，即使在智慧、才華上遠遠優於他人，若在經營商店、公司時

沒有熱情，那麼在其手下的人們恐怕就很難產生『在這個人的領導下全力以赴工作』的情緒。這樣一來，難得的智慧和才華也就完全歸零了。在其他方面哪怕什麼也不具備，但是對於經營的熱情必須要保持。如若這樣，即使自己什麼也沒有，部下也會有智慧的出智慧，有力量的出力量，有才華的出才華，彼此都會合作。

特別是最近，公司在快速地進步，技術可謂日新月異，還不斷有一些新的難題產生出來，就經營而言，大量使用電腦進行複雜的分析已成為必備技能。但對我來說，不是輕而易舉就能夠理解這種全新技術的，在某種程度上講，甚至完全不懂也是實際情況。不僅是我，一般的人要明確地了解那些專業性的東西也是十分困難的。這樣一來，站在他人之上進行工作是非常不可靠的。但我覺得沒有擔心的必要，因為有通曉各專業的人，大家都會去做。所以，可以說只掌握一知半解的知識沒關係，需要擔心的是，自己是否有經營公司和執行工作的熱情。如果沒有這種熱情，人們就會各自離去，即使不離去，我想他們為公司、為工作耐心地提供自己的聰明才智的情緒也會漸漸淡下來。如果出現那種情況就糟了，所以負責人、領導者必須經常自問自答這些問題：如果是十個人的科長，在這十個人中自己是否最有熱情？如果是百人的部長，或者是一萬人的大公司的總經理，在這百人當中或者萬人當中，自己對經營方面的熱情是不是最高的？如果你自信是最高的話，那麼你表面上哪怕像玩一樣，也可以充分發揮大家的作用，而完全盡到責任。但是，如果對這個問題總是含含糊糊的話，那麼，你還必須去培養這種熱情。如果缺乏熱情，認真地說，這個人恐怕只能離開負責人的位置了。」

作為團隊的領導者，我們沒有辦法改變控制周圍的客觀環境，但

是我們可以嘗試改變對身邊人和自己工作的態度，以激勵團隊更有創造力地思考和工作。

> ★ 領袖、負責人比任何人都更要有熱忱，更要有熱心。

第二章

慧眼識才，得士則強

1. 領導者必須擁有的管理才能與道德內涵

在「用人」之前，必先要「識人」。而「識人」這一關，相信很多老闆和主管未必能夠做到，或者沒有「識」的功夫。

試問世間伯樂有多少呢？

寫「秦公司興亡史」的陳文德說：「管仲是中國歷史上最出色的經營者之一，但如果不是碰到齊桓公，他可能一輩子都會不如意到底。百里奚及蹇叔這兩個誰都不想要的老頭子，一生幾乎到處碰壁，其實他們也並不是沒有知名度，百里奚便頗具賢名，但直到碰上秦穆公前，這兩位策略高手根本無法一展長才。即使功利主義態度強硬的商鞅，仍然見棄於當時的強國──魏。魏惠王雖有「尊賢愛才」的美名，卻有眼不識商鞅這位蓋世天才，以致雖有公叔痤的極力推薦，魏惠王仍然未能重用商鞅，也因而喪失了富國強兵的機會。」這說明：有「才」而無「識」者，唯有空悲切，鬱鬱而終也。

如今有很多公司都在嘆人才短缺，無法招攬。其實，社會「人才」多的是，問題是「識貨」的主人太少；而「招」到了，又不懂得「用」。此外，有很多公司都在浪費人才，吹捧拍馬屁的人，一個一個升遷，撈到盤滿缽滿，「小人」得志的情況，十分普遍。

這就需要獨具慧眼的伯樂加以鑑別。伯樂高超的相馬本領，就在於他能在萬千的馬匹中準確地找到千里駒。而管理者識才能力的高下，主要展現在對潛在人才的發現。善於識別潛在人才，才能稱得上伯樂。正因為開發潛在人才有相當大的難度，所以要求管理者具有正確的思想觀念、較高的管理才能和較好的道德內涵修養。

第一，管理者正確的思想方法。

傳統的、世俗的觀念影響人才的脫穎而出。管理者要衝破傳統的思想觀念和偏見的束縛，能夠經由出身、地位等外在現象而掌握人才的內在本質。在選人用人問題上，不能擺脫習慣勢力的影響。思維簡單化，是典型的形上學的思想方法。

第二，管理者自身的才能。

三國時期著名的人才學家劉邵說過：「一流之人能識一流之善；二流之人能識二流之善。」高明的管理者，因為自己的才能出眾，因而往往能在人才初露端倪的時候，先於他人發現人才的真實本領和發展前途。

齊白石是一代國畫大師，他自幼刻苦讀書學畫，遊歷名山大川，創作了許多美術作品，但最初人們沒有發現到他作品的價值。一九二六年，北平畫界名流籌辦了一場國畫展覽會，展覽大廳顯要處掛滿了名家畫軸，觀者如堵牆。而在一個昏暗角落裡掛著齊白石的《雙蝦圖》，蝦體透明仿佛潛在水中，長鬚好像在晃動，栩栩如生，可是標價只有八元。當時北平美術學院院長徐悲鴻也來觀看畫展，發現了這幅蝦圖，口稱「傑作」，當即買下。齊白石從此名聲大振。徐悲鴻能發現齊白石的重要原因在於他自己就是國畫界的一代宗師，自己有本事，才能對別人的本事和潛能產生高度的敏感。才能平庸的管理者，不僅管理不好，也難以發現真正的人才。因此，要想在開發人才上有所作為，必須提高管理者自身的才能，成長實力。

第三，管理者的道德內涵。

能否卓有成效地進行人才開發，不僅取決於管理者管理能力的高

低，還取決於管理者自身的道德修養。管理者如果利慾薰心，就會眼界狹窄，抱殘守缺，嫉賢妒能。如果為了事業，出於公心，就會視野開闊，衝破框架，選賢任能。

孔子說：「十室之邑，必有忠信」，這句話包含著一個真理，就是人才的普遍性。人才到處都有，關鍵在於能否發現和認識。作為一個組織，不能總是立足於外，一味到別處去尋求人才，首先應該立足於內部的挖掘。作為一個組織的管理者，更不能只盯著「遠來的和尚」，要多留心自己的周圍。金鳳凰很可能隱藏在雞窩裡，金盆也可能陷入淤泥裡。關羽不就是雞窩裡的金鳳凰，淤泥裡的金盆嗎？

如果沒有「伯樂」，姜子牙將垂釣一生，也不會有周朝的天下。一個企業要想得到優秀的人才，就必須從大局上去考察和看人。在識人的過程中，往往出現這樣的現象，就是「管中窺豹」，從而影響對一個人總體形象的認識。「一俊遮百醜」，「情人眼裡出西施」，這種以偏概全的觀點，並不能真實地反映一個人的全貌。

> ★ 管理者識才能力的高下，主要展現在對潛在人才的發現。

2. 以貌取人，有失偏頗

古人云：「膚表或不可以論中，望貌或不可以核能。」這就是說，不能根據外表評價人的品德，不能看相貌估量人的才能。即不能以貌取人，觀察其相貌定是非，倒不如探究他的想法和他辦事的能力如何來得可靠。

「人不可貌相，海水不可斗量」，這是一句有益的識才辨才格言。泰戈爾說得好：「你可以從外表的美來評論一朵花或一隻蝴蝶，但不能

這樣來評價一個人。」以相貌取人、判人，沒有絲毫的科學根據。

　　用人先要識人。管理者在用人的時候，首先要對所用之人有全面的了解，這樣才能保證用得其所。心理學研究表明，初次接觸的雙方，首先觀察和注意到的是相貌、衣著、談吐、舉止等外在現象，然後自覺不自覺地根據這些直覺資訊給對方做出一個初步評價。由於初次接觸的時間短，所獲得的資料有限，而且都是表面的、直覺的資訊，因而在判斷評價上往往會產生一些偏差。這就是所謂的「第一印象」。

　　在某些人身上，外在與內在有可能得到較為和諧的統一。如心美貌亦美，心惡貌亦惡等等。而在許多情況下，人的外在與內在是不相統一甚至是矛盾的。金玉其外很可能敗絮其中，醜陋的外表之中很可能懷有一顆善良的、智慧的心。所以，如果不深入探究，就很容易看錯一個人。

　　同時，認知主體在認知上的差別性和波動性，也是造成第一印象偏差的重要原因。每個認知主體對客體的認識程度是有差別的，也就是說，每個管理者對人的評價與判斷能力是有差別的。由於管理者們的智力因素與非智力因素不盡一致，導致識人用人能力的差別。有的管理者善於識人用人，有的管理者則拙於此道。另一方面，同是一個人，認知能力也存在著波動性，此時此地的認知能力，與彼時彼地的認知能力往往也存在著差異。由於地位、環境、心境的不同，導致對人的認識與評價的程度的差異。即使是具有識人之眼的管理者，有時對人的認識也難免帶有感情色彩。

　　比如有的管理者，如果他們接觸一個沉默寡言的下屬，就斷定此人窩囊；如果他們接觸一個穿著講究的人，就以為此人有紈絝之習；

遇到一次下屬未向他打招呼，就以為此人目中無人；遇到一個犯過錯誤的下屬，就認定此人今後還會犯錯誤等等。管理者如果憑這樣的第一印象去取捨人才，那肯定會失誤的。

總結歷史的經驗，在識人用人上需注意以下幾點：

第一，識人用人切忌以偏概全。

一般說來，對某一個人的初步印象好，這個好的印象就先入為主，因而對此人的判斷，往往是長處多於短處，優點多於缺點；反之，假如對某人的初步印象不佳，以後也就容易忽略此人的許多優點，甚至人為地放大其缺點。心理學上稱這種現象為「月暈效應（halo effect）」。管理者不能成為這種效應的俘虜，而應使自己的思想方法從這種習慣中跳出來，力求對人的評價和判斷全面深入。為此，應該緩下結論，多加接觸和觀察，以獲得第二、第三印象，這樣做既可以避免能人的流失，也可以避免庸人的混入。對於接觸不多的人，管理者要經常自問：是否看到了此人的另一面，自己的所聞是部分還是全部。

第二，識人用人不要被表面現象所迷惑。

由於一些人的真實意圖被外表的假象所掩蓋，而形成認識上的錯覺，心理學上稱之為「線索偏差」。在許多情況下，線索偏差是拘泥於第一印象的，即表面現象所造成的。某些人為了達到個人的目的，對手握權力的人，投其所好，竭盡恭維之能事，抓住人們愛聽好話、恭維話的人性固有弱點，以假象迷惑人，以假話來取悅人。

「路遙知馬力，日久見人心」，管理者對待那些被假象掩蓋真相的人，不論是好人還是壞人，高人還是庸人，都應當採取多接觸、多觀

察的做法。古人云：「人固不易知，知人亦不易。」

看人，最重要的是弄清其本質、特質，這對於了解其人是非常有意義的，也可以說是知人、用人的關鍵環節。

> ★ 大千世界，性格各異，相貌有別，簡單地以貌取人有失偏頗。

3. 先看其長，再看其短

蘇軾說：「才，各有大小。大者安其大而無忽於小，小者樂其小而無慕於大。是以各適其用而不喪其長。」清代思想家魏源說：不知人之短，不知人之長，不知人長中之短，不知人短中之長，則不可以用人，不可以教人。」

「金無足赤，人無完人」，每個人都有自己的缺點和優點，不能肯定一切也不可否定一切。天生我材必有用。一般來說，每個人都有其所長，有其所短，如能發掘人之長處，則能發現更多的人才；如不見人之所長，只尋人之所短，將認為人才缺少甚至無才。因此只視人之所短，則不知才；能發現人之所長，則人才來源不斷。

「知人長中之短，不知人短中之長，則不可以用人，不可以教人。」事實上，人各有所長，也各有所短，只有揚長避短，天下便無不可用之人。從這個意義上講，領導者的識人、用人之道，關鍵在於先看其長，後看其短。

西漢文學家東方朔在向漢武帝的奏疏中說：「水至清則無魚，人至察則無徒。」水太清，魚就養不活；對人過於苛求，則不可能有朋友。用人識才也是如此。其實，任何人才有其長必有其短，識別人才

重要的一點就是不可以以短掩長。倘若識人，只注意某一個側面，而這側面又正好是人才的缺點或短處，就武斷地下結論，這種識才方式非常危險，大批人才將被拋棄和扼殺。孔雀開屏是非常漂亮的，倘若一個人不看孔雀那美麗的羽毛，而只看到孔雀開屏露出的屁股，就武斷地認為孔雀是醜陋的，那就實在是有失公允了。

　　唐代柳宗元曾講過這樣一件事：一個木匠出身的人，連自身的床壞了都不能修，足見他鋸鑿鋸刨的技能是很差的。可他卻自稱能造房，柳宗元對此將信將疑。後來，柳宗元在一個大造屋工地又看到了這位木匠。只見他發號施令，操持若定，眾多工匠在他的指揮下各自奮力做事，有條不紊，秩序井然。柳宗元大為驚嘆。對這人應當怎麼看？如果先看他不是一位好的工匠就棄之不用，那無疑是埋沒了一位出色的工程領導者。這一先一後，看似無所謂，其實十分重要。

　　從這些故事中可以悟出一個道理：若先看一個人的長處，就能使其充分施展才能，實現他的價值；若先看一個人的短處，長處和優勢就容易被掩蓋和忽視。因此，看人應首先看他能勝任什麼工作，而不應千方百計挑毛病。《水滸傳》中的時遷，其短處非常突出 —— 偷雞摸狗成性。然而，他也有非常突出的長處 —— 飛簷走壁的功夫。當他上了梁山，被梁山的環境所改造，他的長處就派上了用場。在一系列重大的軍事行動上，軍師吳用都對他委以重任，時遷成了這些軍事行動成功的重要人物。由此可見，對人，即使是對毛病很多的人，首先要看到他的長處，才能充分利用他的才能。

　　在現代管理中，如果有這樣一位經理，善於利用員工的「短處」，使短轉化為長，在分配工作時讓愛吹毛求疵的人去當品質檢查員，讓謹小慎微的人去當安全監督員，讓爭強好勝的人去完成突擊性的任

務，肯定會收到良好的效果。在人才使用上，不要抱怨沒有能人，人各有其才，就看如何使用。看似缺才少智的人，如用得其所，就成了人才。看似才華橫溢的人，如果使用不當，也成不了人才。

所以，成功的領導者在用人的問題上就要能夠用人之長，避人之短；求人求實，不求其全。德才兼備，是領導考察人才常說的話。以此為條件，考察可用人才是應該的，但在實際用人當中如果僵化地堅持這種條件，這樣的領導者就是一個愚蠢的領袖。當然，這並不是說人才可以無德無行，而是應該是人才就求全責備，對人才的議論評說應該客觀看待，公正處之。

> ★ 俗話說：「沒有無用的人才，只有不會用人的領導者。」縱觀古今中外，有作為的領導者無一不是用人之長者。

4. 用人在於識人有術

知人，即如何識別人才，認識人才的獨特專長、興趣、弱點及內在的價值取向和人格特質等。如果不清楚這個人的才能特點，又如何做到很好地使用和發揮其價值呢？所以，知人是善任的先決條件。

人才有「顯人才」和「潛人才」之分。所謂潛人才，是指那些擁有某種才能，或具備了成長與發展的特質，但是由於缺乏顯示的條件和機會，尚未被社會認可或取得顯著成績的人。潛人才的智慧，往往不亞於甚至優於顯人才，一些不可多得的人才往往就隱落在普通人群中。由於才能潛在性的特點，發現潛人才並不是一件容易的事。

所以，作為一個領導者，要會識人，不會識人何談用人。因為真正有才能的人往往隱沒於雜草中，得不到發揮才能的機會，即便是用

了，又往往是大才小用。故有人嘆：「千里馬常有，而伯樂不常有。」

古人認為，好的面相是：面相有威嚴，意志堅強，富有魄力，處事果斷，嫉惡如仇；禿髮謝頂，善於理財，有掌管錢財的能力；觀額高聳圓，面目威嚴，有權有勢，眾人依順；顴高鼻豐，並與下巴相稱，中年到老年享福不斷；顴隆鼻高，臉頰豐腴，晚年更為富足；顴骨高聳，眼長而印堂豐滿，臉相威嚴，貴享八方朝貢。被認為不好的面相是：顴高臉頰削瘦，做事難成，晚年孤獨清苦；顴面而鬢髮疏稀，老來孤獨；額高鼻陷，做事多成亦多敗。內向的人常常會被誤認為高傲，或者能力不足。這些誤解更增加了內向者在人際交往中的困難。因此，他們在處理問題時常常不敢大膽行事，寧願選擇消極應付的辦法。他們對工作往往不求有功，但求無過，怕擔風險。然而，內向的人並非一無是處。一般說來，內向者的為人倒比較可靠。他們是好部下、好朋友，在特定的狹小範圍內，還可以作為骨幹。

人類對事物的一般認識過程是：首先是感官接受了外界事物，然後在心裡有了印象，接著發出聲音加以評論，最後才表現為人的外表反應。所以企業要識人，也應當從應聘者的外貌和聲音去識人，以便看清他的內心世界。所以我們在識人時要從以下幾點作參考：

①一個內心誠仁的人，必定會展現出溫柔隨和的貌色。

②一個內心誠勇的人，必定會展示出嚴肅莊重的貌色。

③一個內心誠智的人，必定會展示出明智清楚的貌色。

要想真正識別人才，就需要對這個人進行全方位的審察，看其是否具有相當的能力，是否有發展前途。如果不注重一個人的學識、智慧、能力等方面的培養與使用，不注重其專長的發揮，而是僅僅憑一個人的相貌如何來斷定其能力的大小，甚至以此來決定人才的取捨，

後果必將導致人才的埋沒，事業受損。

曾有項調查說，在求職者中，相貌英俊的要比相貌醜陋占的便宜多的多。很多老闆不自然地就對漂亮的應試者增加了印象分，而相貌一般，甚至是醜陋的獲得的工作機會要遠遠少於前者，其實這往往是人的心理在作怪，所以時下的「人造美女」之風大行其道。畢竟既才華橫溢又美若天仙的人太少了。多半都是相貌一般的，而相貌醜陋的說不定就可能會有過人的本領。所以做老闆的一定要識人識能，不要眼睛總盯著英俊、漂亮的，還是多眷顧一下那些相貌平平而又默默無聞工作的員工吧。

明朝建文二年（一四○○年），策試中有個叫王良的對策最佳，但只因其貌不揚，被抑為第二，而原本第二的胡靖擢為第一。後來惠帝亡國，倒是王良以死殉國，而胡靖卻投靠了永樂皇帝，做了高官。明英宗對朝臣的相貌也特別看重，天順時，大同巡撫韓雍升為兵部侍郎，英宗發詔讓大學士李賢舉薦一個與韓雍人品相同的人繼任。李賢舉薦了山東按察使王越。王越長得身材高大，步履輕捷，又喜著寬身短袖的服飾，英宗見後很是滿意，說：「王越是爽利武職打扮。」後來王越在邊陲果然頗有戰功。

一個人的品德不是表現在外表，而是在他的內心世界。在現代社會，很多公司在接納新人時，都先從公司的長遠利益考慮。一個無德的人是不會給公司帶來好處的。公司甚至會毀在這樣的人手中。

古人指出：用駿馬去捕老鼠，不如用貓；餓漢得到寶物，還不如得到一碗粥。用物、用人，在於得當；使用不當，埋沒了寶物、人才，還收不到應有的效果。所以，在管理中應根據人的不同情況而採取不同的辦法使用。要成為一個有遠見的領導者，他必須懂得人是

有個性、有特徵的，只有了解人的個性特點，才能夠真正做到管理好企業。

以下幾點就可作參考：

(1)　有德者不看重金錢，不能用物利引誘他，可以讓他管理財政；

(2)　勇敢者蔑視困難，不能用艱險去強迫他，可以讓他處理緊急事務；

(3)　睿智者通達禮數，明於事理，不能假裝誠信去欺騙他，可以讓他負責要事；

(4)　愚拙者容易被欺騙，不可從事談判、判斷工作；

(5)　不忠者容易動搖，不可讓其知道商機；

(6)　貪圖錢財者容易受引誘，不可管理錢財；

(7)　重情者容易變換觀念，不可讓其做決策者；

(8)　雜亂者容易把事情弄得亂七八糟，不可從事井然有序和長效性的工作。

學會識人、認人，不要給自己的生活添加絆腳石。

> ★　管理者不能被下屬的外表看花了眼，抓住他的實質，看準下屬的「真面目」。

5. 在有序的競爭下，識別更合適的人才

清朝時，杭州有個商人叫石建，他認為經商依靠的是天時、地利、人和，而在這三者之中，又以人和最為重要。於是，當他決定擴大經營規模時，首先想到的是招聘一位好幫手。怎樣才能找到理想中

的人選呢？石建想了一個妙招。他先貼出一張布告，說明本店招收徒弟，並列舉了具體條件。經過一番考察，石建確定了三個面試對象，說好三者選其一。到了面試這天，三位候選人一進門，石建便安排他們到廚房去吃飯，然後再面談決定誰留下。

當第一個面試者飯後來到店前時，石建問他：「吃飽了沒有？」回答說：「吃飽了。」又問：「吃了什麼？」回答說：「餃子。」再問：「吃了多少個？」回答說：「一大碗。」石建說：「你先休息一會兒。」

第二個面試者來到了店前，石建問：「吃了多少餃子？」回答說：「四十個。」石建也叫這個人到旁邊休息一會兒。

當石建以同樣的問題考問第三個面試者時，他這樣回答：「第一個人吃了五十個，第二個人吃了四十個，我吃了三十個。」聽了這番回答，石建當場拍板，第三個人留下。

石建為什麼要留下第三個人呢？他認為第一個人頭腦不靈，只管吃，不計數；第二個人只記自己，不管他人；唯有第三個人，既知自己，又能注意觀察別人，而這一點正是生意人必須具備的眼觀六路、耳聽八方的潛能。果然，第三個人被僱用後精明能幹，有頭腦會經營，很快成了石建的得力助手。

聯想集團是中國最大的電腦產業集團。和每個企業的成長歷史相類似，聯想集團也經歷了從初創、成長到成熟的幾個發展階段。

隨著聯想集團發展規模越來越大，聯想領導階層也越來越認識到人的作用，於是他們積極為那些肯努力上進並肯為之奮鬥的年輕人架設一個展現才華的事業舞臺。

聯想大量提拔和使用年輕人，幾乎每年都有數十名年輕人受到提拔和重用。聯想對管理者提出的口號是：

你不會授權於人，你將不會被重用；

你不會提拔別人，你將不會被提拔。

聯想有一個制度，自一九九四年起，每個新年度的三、四月間都要進行組織機構和業務結構的重新調整。在調整過程中，對管理模式和人員都要做大變化。之所以做這番調整，就是希望為員工提供盡可能多的競爭機會，在工作上嶄露頭角的人才能脫穎而出，而那些故步自封、跟不上時代變化的人就會被淘汰。

可見，識別人才對於一個領導者來說十分重要，那麼如何識別好人才？答案是：

(1)　為人才提供合適的職位，讓他們充分發揮自己的才能。

(2)　人才不能亂哄哄擠成一團，必須引導他們有序公平競爭。

(3)　建立一套較為科學的績效考核和獎勵評估系統。

(4)　為人才安排一連串有挑戰性的工作。

(5)　人才需要向有才能的同事和領導者學習。

> ★ 對大多數領導者而言，在人力資源管理中遇到的最大挑戰是對人才的識別。

6. 從做事風格識人

從一個人的做事風格可以看出這個人是否浮華，或者是否以誠信為本，我們不要被一個人的口若懸河所迷惑，也不要錯過一個有才能的人。

為世人推崇的曾國藩的一套辦事方法，其關鍵是要做到「五到」，即身到、心到、眼到、手到、口到。所謂身到，就是作為官吏對命

案、盜案必須親自勘驗，並親自到鄉村巡視；作為將官就必須親自巡視營地，親自查看敵情。心到，凡事都要仔細分析它的來龍去脈。起初、結束時的條理，分析它的頭緒，又綜合它的類別。眼到，就是要專心地觀察人，認真地讀公文。手到，就是對人的才能長短、事情的關鍵所在，勤作筆記，以防止遺忘。口到，就是在命令人做事時雖然已有公文，仍要苦口叮囑。

以前的賢德之人在用人的時候，內舉不避親，外舉不避仇，其心理的光明正大，足以成為百世的楷模。曾國藩推薦左宗棠、彈劾李次青，並不因為個人的恩怨而影響推薦和彈劾，一代名臣的寬廣胸懷，自然千古不朽。

春秋時期，齊宣王問孟子：「怎樣去識別那些缺乏才能的人而捨棄他呢？」

孟子答道：「國君選拔賢人，如果迫不得已要用新進，就要把卑賤者提拔到尊貴者之上，把疏遠的人提拔在親近的人之上，對這種事能不慎重嗎？因此，左右親近之人都說某人好，不可輕信；眾位大夫都說某人好，也不可輕信；全國的人都說某人好，然後去了解；發現他真有才能，再任用他。左右親近的人都說某人不好，不要聽信；眾位大夫都說某人不好，也不要聽信；全國的人都說某人不好，然後去了解；發現他真不好，再罷免他。左右親近的人都說某人可殺，不要聽信；眾位大夫都說某人可殺，也不要聽信；全國的人都聽說某人可殺，然後去了解，發現他該殺，再殺他。這樣，才可以做百姓的父母。」

韓非子對這一問題則有他獨到的論述。他說：「如果鍊銅造劍時只看所摻的錫和火色，就是歐冶子也不能斷定劍的好壞；可是用這把劍在水中砍死鴻雁，在陸上斬斷駒馬，那麼，就是僕隸也不會懷疑它

是鈍還是鋒利了。如果只看馬的牙齒和外形，就是伯樂也不能判斷馬的好壞；可是讓馬套上車，看看它快跑到終點時的模樣，就是僕隸也不會懷疑馬的優劣了。如果只看一個人的相貌、服裝，只聽他說話論事，就是孔丘也不能肯定這個人能力怎麼樣，可是給他一個官職，看看他的工作成績，就是普通人也不會懷疑他是聰明還是愚蠢了。所以，一個明智君主所任用的官吏，宰相一定是從地方官中選拔上來的，猛將大多是從下層軍官中挑選出來的。凡是有功勞的人必定給予獎賞，那麼俸祿越優渥他們越能勉勵自己，不斷地升官晉級，那麼官級越高他們越能盡力辦事。用高官厚祿去勉勵官吏把事情辦好，這是建立強盛統一事業的有力措施。

「凡是奸臣都想順從君主的心意，來取得君主親幸的權勢。因此，君主所喜歡的東西，臣子就加以吹捧；君主所憎惡的東西，臣子就加以詆毀。人們的一般情況是，取捨相同的就互相肯定，取捨不同的就互相反對。現在臣子所讚美的東西，就是君主所肯定的東西，這就叫做相同的擇取；臣子所詆毀的東西，就是君主所反對的東西，這就叫做相同的捨棄；擇取、捨棄一致而相互對立的，還沒有聽說過。這就是臣子所用來取得信任和寵愛的途徑。」

孟子與韓非子都從一個方面論述了如何選拔人才，可謂千古名論。

不過在識人方面，管仲無疑有他的獨到之處。

一次，齊桓公徵詢管仲對朝廷人事安排的意見，管仲說：「升降、揖讓、進退禮節的習俗，這方面我不如隰朋，請任命他做大行（司禮官）職位：開墾土地，聚集糧票，使地利完全發揮，這方面我不如寧戚，請讓他擔任司田（管理土地的官吏）；在平原戰場上能讓戰車馳騁

而不亂，戰士勇往直前而不退卻，擂鼓進軍後，三軍將士視死如歸，這方面我不如王子城父，請授予他大司馬（最高的軍事將領）之職；審理刑事案件，能不殺無辜，不誣陷無罪之人，這方面我不如賓胥無，請授與他大理（最高司法官員）之職；勇於冒犯君顏，忠言直諫，不怕砍頭，不在富貴權勢面前低頭，這方面我不如東郭牙，請讓他擔任大諫（諫官）之職。君王要治國強兵，有此五人，就足夠了。若想在諸侯中稱王稱霸，那還需要我管夷吾才行。」

聽了管仲巧妙的自薦以後，下面我們列舉一些歷史上慧眼識才的著名例子，由此來反映能識人將會帶來的好處。

「管鮑之交」歷來被稱為千古佳話，其中固然讚揚了管仲的治國才能，但更重要的則是讚揚了鮑叔牙的慧眼識才。

管仲年少時常與鮑叔牙往來，鮑叔牙知道他很有才能。管仲因為家貧，常常騙取鮑叔牙的財物，鮑叔牙卻一直好好待他，不提這些事。後來鮑叔牙跟隨齊國的公子小白，而管仲跟隨了公子糾。等到小白立為齊國國君時，殺了公子糾，管仲也被囚禁。鮑叔牙於是向齊桓公推薦管仲。齊桓公重用管仲，讓他執掌齊國之政。齊桓公之稱霸，九次會合天下諸侯，匡扶天下正道，這都是用了管仲之謀。

管仲說：「當初我貧窮時，曾與鮑叔牙一起做買賣，分財利時我常常多占，鮑叔牙卻不以此認為我貪，因為他知道我家貧。我曾經為鮑叔牙謀事，結果卻使他更窘迫，鮑叔牙不因此認為我這個人很愚蠢，因為他知道時機有時有利、有時不利。我曾經幾次出仕，卻屢次被國君罷免，鮑叔牙不據此認為我無能，因為他知道我沒有碰到好時機。我曾幾次帶兵打仗，即屢戰屢敗，鮑叔牙不因此以為我這個人膽小，因為他知道我家有老母需要奉養。公子糾與小白爭位失敗後，召忽自

殺，我被囚禁，忍受侮辱，鮑叔牙不因此認為我這個人不知羞恥，因為他知道我不以小事為恥，而只恥功名不顯揚於天下。所以說，生我的是父母，而真正了解我的是鮑叔牙先生。」

鮑叔牙推薦管仲後，他的職位在管仲之下。他的子孫世代都在齊國享受俸祿，其中有封邑的有十多代，子孫中有許多人都成為有名的大夫。相比之下，天下人很少稱道管仲之才能而常常稱道鮑叔牙有知人之明。

> ★ 從一個人的做事風格可以看出這個人是否浮華，或者是否以誠信為本，我們不要被一個人的口若懸河所迷惑，也不要錯過一個有才能的人。

7. 神情觀人：透過舉止了解內心活動

行為舉止被視為人類的一種無聲語言，又稱第二語言或副語言。人的行為舉止，在日常生活裡時刻都在表露著人的思想、情感以及對外界的反應，雖然它可能是自覺的，也可能是不自覺的。在日常生活中人的身體呈現出多種姿勢，不同的姿勢有其不同的作用、不同的表現，反映著人的不同心態，同時也會給他人以不同的印象。

與陌生人交談的最大困難就在於不了解對方，因此與陌生人交談首先要解決好的問題便是盡快熟悉對方，消除陌生。你可以設法在短時間裡，透過敏銳地觀察初步地了解他，他的頭部動作，他的眉毛，他的醉酒狀態等等，都可以給你提供了解他的線索。這一切都會自然地向你揭露關於主人的資訊。這對於觀察人是十分有利的。

江忠源第一次上門拜見曾國藩，談話之後，曾國藩告訴身邊的

人：「這個人將來必定名揚天下，但因氣節太強烈而不得善終。」十多年後，江忠源果然以戰功名揚天下，而在廬州與太平軍發生交戰時，由於彈盡糧絕而以身殉難。這應驗了曾國藩的話是正確的。

又一次，在淮軍剛剛建立時，李鴻章帶領三個人來拜見曾國藩，正好曾國藩飯後散步回來，李鴻章準備請他接見一下那三個人，曾國藩擺擺手，說不必再見了。李鴻章奇怪地詢問是為什麼，曾國藩說：「那個進門後一直沒有抬起頭來的人，性格謹慎、心地厚道、穩重，將來可做史部官員；那個表面上恭恭敬敬，卻四處張望，左顧右盼的人，是個陽奉陰違的小人，不能重用；那個始終怒目而視，精神抖擻的人，是個義士，可以重用，將來的功名不在你我之下。」那個怒目而視、精神抖擻的人，即後來成為淮軍名將的劉銘傳。

這兩個例子足見曾國藩識人之術的高明。曾國藩識人，重視幾句口訣：「邪正看眼鼻，真假看嘴唇，功名看器宇，事業看精神，志量看神采，風波看腳跟，如若看條理，全在言語中。」曾國藩又簡單地將人分成四等：一等人為長方昂，二等人為穩謹稱，三等人為材昏庸，四等人為動忿逐。

曾國藩識人，目的都是為了選賢任能，為了發現人才，重用人才，他識人時摒棄了江湖上那種重形輕神、重奇輕常、重術輕理的俗習。他的識人專著《冰鑑》則是重神而兼顧形，重常而辨別奇，重理而指導術，從整體出發，就相論人，就神論人，從靜態中掌握人的本質，從動態中觀察人的真實面向。

講究均衡與對稱，相稱與相合，中和與適度，和諧與協調，主次與取捨等等。《冰鑑》道出了人的神情之別，對領導者識人之性情有很大幫助。如：

　　一個人的精神狀態，主要集中在他的眼睛裡；一個人的骨骼豐俊，主要集中在他的面孔上，像工人、農民、商人、軍士等各類人員，既要看他們的內在精神狀態，又要考察他們的體勢情態。作為以文為主的讀書人，主要看他們的精神狀態和骨骼豐俊與否。精神和骨骼就像兩扇大門，命運就像深藏於內心的各種寶藏物品，查看人們的精神和骨骼，就相當於去打開兩扇大門。門打開之後，自然可以發現裡面的寶藏物品，而測知人的氣質了。兩扇大門 —— 精神和骨骼，是識人的第一要訣。

　　古之醫家、文人、養生者在研究、觀察人的「神」時，都把「神」分為清純與渾濁兩種類型。「神」的清純與渾濁是比較容易區別的，但因為清純又有奸邪與忠直之分，這奸邪與忠直則不容易分辨。要考察一個人是奸邪還是忠直，應先看他處於動靜兩種狀態下的表現。眼睛處於靜態之時，目光安詳沉穩而又有神光，真情深蘊，宛如兩顆晶亮的明珠，含而不露；處於動態之中，眼中精光閃爍，敏銳犀利，就如春木抽出的新芽。雙眼處於靜態之時，目光清明沉穩，旁若無人；處於動態之時，目光暗藏殺機，鋒芒外露，宛如瞄準目標，一發中的，待弦而發。以上兩種神情，澄明清澈，屬於純正的神情。兩眼處於靜態的時候，目光有如螢蟲之光，微弱閃爍不定；處於動態的時候，目光有如流動之水，雖然澄清卻遊移不定。以上兩種目光，一是善於偽飾的神情，一是奸心內萌的神情。兩眼處於靜態的時候，目光似睡非睡，似醒非醒；處於動態的時候，目光總是像驚鹿一樣惶惶不安。

　　以上兩種目光，一則是有智有能而不循正道的神情，一則是深謀圖巧而又怕別人窺見他的內心的神情。具有前兩種神情者多是有瑕疵之輩，具有後兩種神情者則是含而不發之人，都屬於奸邪神情。可是

它們都混雜在清純的神情之中，這是觀神時必須仔細加以辨別的。

總之，我們在與他人的交往中，別人給我們留下的最直觀的印象就是他們的姿態。無論是坐、走、站立，都呈現出不同的姿態。著名人類學家霍爾（Edward T. Hall）教授告誡人們：「一個成功的交際者不但需要理解他人的有聲語言，更重要的是能夠觀察他人的無聲信號，並且能夠在不同場合中正確使用這種信號。」

所以，如果你想真正了解一個人的真實情緒，就要關注對方的動作，而不是他的表情。一個經驗老到的人可以做出虛假的表情，來迷惑面前的人。但是，控制情緒容易，控制自己的行為卻是很難的。因此，透過一個人的非語言行為看人，也是一種不錯的識人方法。

> ★ 人也許可以控制自己的言語，但微妙的神態變化卻可能一不小心就洩漏他的底。有句歌詞唱道：「你的眼睛背叛了你的心。」其實，神態舉止一樣會「背叛」他的心。

8. 聘才環節不可忽視

為了留住人才，從招聘員工這個「源頭」做好，不失為一個根本的措施。許多企業都把招聘看做是留住人才的第一道防線。

北京 Ericsson（愛立信行動通訊有限公司）是 Ericsson 旗下最大的一家合資公司，各部門經理以上的管理者中外各占一半，公司發展很快，從一九九五年的六百人，到目前已有兩千三百人左右。Ericsson 的員工流動率屬相當穩定型。因此，他們嚴把招聘這一關，員工一旦進公司，就會盡力去培養他，即便他犯了什麼錯誤，也會先追究經理的責任。如果他不太勝任，公司也會為他提供培訓或是進

行職位調換，直至勝任為止。像這樣知名的大企業，辭退員工應是很普通的事，而北京 Ericsson 自一九九五年成立以來，僅辭退過三個員工。

可見，招聘對於一個領導者來說是一個很重要的環節，如果招聘的人才合適，那麼公司會蓬勃發展。反之，則會極大的影響公司的發展。甚至使公司「病危」，故此，招人要避免陷入某些迷思。

(1)「專家」迷思

為了保證招聘品質，新管理人可能會組成一批由各種「專家」如人力資源專家、心理測試專家、專業技術人員等等組成招聘小組。這些「專家」可謂是精兵強將，但在招聘方面也許並不管用，因為具體職位需要什麼樣的角色，他們並不會十分清楚。因此，新管理人要請一些行家老手來判斷，請熟悉職位的人來招聘新人。

(2)「文憑」迷思

文憑與學歷的確可以代表或說明一個人的教育程度，但不能把文憑、學歷看得過於神聖、絕對。因為學歷、文憑並不等於知識；文憑、知識也不等於才能；知識、才能更不等於貢獻。

(3)「菁英」迷思

有人說，「一個諸葛亮是偉大的，但三個諸葛亮就很難說」。這與「三個臭皮匠，勝過一個諸葛亮」正好相反。因為聚集「偉大人物」並非就能組成「偉大小組」，即把所有某方面令你滿意的人放在一起並不一定會做出令你滿意的工作。一個好的小組，必須是你擅長這方面，他精通那方面，各有長短，將他們組合在一起才能變成面面都行的好小組。如同一個好的樂隊，吹、拉、彈、唱都有，再加上一個好的指

揮，就可演奏出好的樂章。如果一個小組都是菁英，如同滿盤象棋都是車，見面就針鋒相對，工作是無法進行的。在招聘人才時，不要指望個個出類拔萃，更不要將同類型的人才湊合在一起，關鍵是要長短搭配，優勢互補。

(4)「經驗、直覺、測驗」迷思

直覺、經驗、測驗固然重要，但不可過分依賴。因為濫用的心理測試也許不能提供準確的資訊，反而掩蓋了被試者的實際能力。如有些理想人格的模式可以構築心理學家心目中的某種幻想，但對實際工作並無多大意義。

總之，這裡的種種迷思只是給新管理人一個提醒，時刻預防陷入老想法，要勇於向傳統模式挑戰，做出招聘新人的榜樣，才能夠適應新時代徵才的潮流，做新時代的領頭羊！

人才是公司中最寶貴的財產，作為新管理人又怎樣快速地擁有這份財產呢？最好的捷徑就是招聘到有用之才，這裡有五個錦囊妙計，不妨一試。

A. 重金作誘餌

B. 高位任他選

C. 拉攏說服其朋友

D. 滿足合理的要求

E. 解決他的後顧之憂

所以說，認真地把好第一道關，以後會省去很多麻煩。

★ 為了留住人才，從招聘這個「源頭」做好工作，不失為一個根本的措施。

---

9. 識人要全面

對人才的認識一定要全面，要本著公平公正原則。所謂知人善任，既要對上等人才加以引導、提拔，也要對下等人才加以勉勵和推薦。如果只重視上等人才而忽略下等人才，那麼下等人才最終會被埋沒；如果偏重於推薦下等人才而忽略上等人才，那麼推薦上來的就不是傑出的人才。因此，在品評人才時，顧全了三個方面，就會對整個團隊有利。否則，真正的人才就會從此埋沒。如果有出類拔萃的人才，大眾是無法鑒別的。而一般人都靠採納耳朵聽見的情況來判斷他人，以為自己的意見就是正確的，這就是很多人在考察人才時常犯的錯誤。

《資治通鑒·漢紀》上載：東漢平敵將軍龐萌，表面上，其人恭謹謙遜，常與劉秀共商國事，光武帝對他非常信任。光武帝對別人說：「可以託六尺之孤，可以寄百里之命者，龐萌是也。」由此可見，光武帝劉秀對龐萌的倚重。一次光武帝劉秀命他與虎牙大將軍蓋延一起攻擊海西王董憲。因為詔書只頒給了蓋延，龐萌陡生疑心而不自安，於是起兵反叛。劉秀得知後氣得幾乎發瘋，親統大軍討伐龐萌，於月句城斬之。

「一俊遮百醜」、「情人眼裡出西施」，這種以偏概全，並不能真實地反映一個人的全貌，只有從整體來認識人，才能對一個人有比較全面、深刻、真實的掌握和認識。光武帝只憑通常的印象，在考察龐萌的為人上看走了眼。所以，作為一個領袖，首先要有識人的大局觀，而不能只憑一己的印象來考察人。

《史記·秦本記》記載：晉獻公消滅虞、虢兩國。俘虜虞君及其

大夫百里奚。晉與秦聯姻，以百里奚作為秦穆公夫人的陪嫁臣送入秦國。後來，百里奚逃到楚國宛縣，被楚國人抓住做奴隸。穆公知百里奚是個賢人，想用重金去贖，又怕楚國知其身價不給，便降低其身價按照奴隸價格去贖，派人到楚國說：「吾媵臣（陪嫁臣）百里奚在焉，請以五羖皮（五張黑山羊皮）贖之。」楚人便將其囚而送回，這時，百里奚已經是七十歲的老人。穆公使人打開枷鎖，歡迎他來，並向他請教，二人談了三天，穆公很高興，敬佩其才，任之國政，號稱「五羖大夫」。

　　要正確、科學地知人，就必須從整體知人。一要全面地看人，把人各個方面的表現、情況聯繫整合，從整體上掌握人的本質。不可抓住一點，不顧其餘，一葉障目，不見泰山。二是要歷史地看人，不但看人的一時一事，更要看人的全部歷史和全部工作。三是要發展地看人。人是在實踐中不斷發展變化的，不可能一成不變，絕不能把人「看死」。要注意人的各方面的動態變化和趨勢，看到人的潛力及發展前途。四是要在實踐中看人，重在表現。要聽其言而觀其行，不能聽其言而信其行。要特別注意人在關鍵時刻的表現，疾風知勁草，路遙知馬力，烈火識真金。

　　所以，認識人是不是人才，還要從大局觀察，整體全面的審核，才能對其定義。

★　在我們識人的過程中，往往出現這樣的現象，就是「管中窺豹」，從而影響對一個人總體形象的認識。

第三章
用人得法，不拘一格

1. 知人善用

孔子認為為政之道，在於用人，由此他提出了用人的主張。在古代，國家的治亂關鍵在於國君，國君首要的是用人。用人得當，方法正確，國家就會大治。反之，國家就會大亂。不管是治理國家，還是開公司，帶領企業，其實用人的精神、根源、內容和步驟都是相似的。

當然，在人力資源管理中，用人也許是最讓管理者們頭疼的一個環節，而恰恰正是這個環節左右著企業的命運。但是，作為一個人力資源管理者，不管是老員工，還是從一線員工提拔上來的，在企業裡總會面對各式各樣的員工，有的是剛剛走出校門的應屆畢業生，也有升遷潛力巨大的有能力者，甚至還有輩分比較老的老員工。如何用其所長，使其能力得到最大化地發揮是每個管理者的核心目標，但是，這個前提就是知人善用。

商界名家柳傳志曾經說過：「領軍人物好比是阿拉伯數字中的一，帶上一個〇，它就是十，兩個〇就是一百，三個〇是一千。」做個不太準確的比喻，一個剛組建的小機構需要蕭何、韓信、張良這樣的傑出人才，而一個已具規模的單位更需要劉邦的知人善用。

「百智之首，知人為上；百謀之尊，知時為先；預知成敗，功業可立。」這是成功乃至成大事者的必要條件。

所謂知人，就是善於了解人，有知人之明；所謂知時，就是善於洞察世事，能夠掌握作出決斷的條件；所謂知成敗，就是能夠根據上述兩個方面，對軍事、政治等各個方面的發展變化作出預測，並同時為取得最好結果而積極準備。

1. 知人善用

　　人才是事業的根本，是最寶貴的資源，如何選拔優秀的人才，已是一個組織生存發展的決定因素。

　　現代社會的競爭，無論是技術競爭、市場競爭、資訊競爭、資源競爭，說到底也都是人才的競爭。要想在激烈的競爭中求生存、圖發展，廣泛地擁有各方面的人才是至關重要的。人才問題不僅影響一個企業、一個部門的生存發展，也影響一個國家的盛衰存亡。史達林曾經說過：「人才、幹部是世界上所有寶貴的資本中最有決定意義的資本。」有這麼一句話：「時間就是金錢，效率就是生命，資訊就是資源，人才就是資本。」一九三〇年代初，美國深感知識、人才的重要，除在本國加速人才培養外，還大量地從國外引進科技人才。這些人才對美國的科技和經濟的發展起了決定性的作用，最終使美國成為世界頭號經濟強國。第二次世界大戰後，日本能夠在一片廢墟上使經濟迅速復甦，重要的原因就是自明治維新開始就重視人才的培養。實踐證明凡是在競爭中立於不敗之地的企業，肯定都擁有一批出色的技術和管理人才。因此，現代管理者必須有強烈的求才欲望。

　　從另一方面講，所謂人才，是指依靠創造性工作做出較大貢獻或具有較大貢獻「潛力」的人，是人群中的精華。這樣的人自然不多，往往淹沒在廣大的人群之中，發現並不容易。特別是在現代化生產條件下，社會分工精細，許多人才往往潛心於研究、學習，不善於交往，不引人注意。一部分人才特別是知識造詣很深的人，不喜歡拋頭露面，炫耀自己，很大一部分人才恃才傲物，不輕易符合，不趨炎附勢，甚至對領導者敬而遠之。上述的各種表現確實是不可避免的客觀存在，因此管理者若不進行深入調查、求訪，人才是不會輕易被發現的。

不僅如此，作為領導者，知人善任是最基本的要求。懂得用眼睛所見來糾正耳朵所聞的訛誤。而不善於了解人的管理者，卻用耳朵所聞來代替眼睛所見的事實。過去人們在評論人才時，要是一人說好，大家都說好，要是一人說不好，大家也都說不好，這樣得出的結論未必真實可信。

知人是對人才實施科學管理的重要環節，知人是做到人盡其才，才盡其用的必不可少的環節，同時也是激勵人才奮發進取的有效措施。

總之，人才資源是使公司能有效運轉的最關鍵的因素，是公司重要的資產，他們是公司最重要的組成部分。關心他們，愛護他們，尊重他們是企業管理的重要部分。只有他們得到了保障才會全心地投入到工作中去。現代管理者得益於賢才，使事業獲得成功的事例是很多的。

人才是企業的命脈。企業間的競爭，從本質上說，是人才的競爭。選拔人才、使用人才是企業管理者最重要的大事之一，它影響企業的興衰勝敗。

在科學技術快速發展的今天，人才的重要性日益顯著，任何組織的管理者如果沒有對人才的需求欲望，恐怕很難有所作為。缺少求才的欲望，勢必壓制、埋沒人才，使組織缺乏生氣，員工積極性受挫。缺少求才欲望，容易任人唯親，使組織內庸才成堆，人浮於事，是非滋生，效率不佳。缺少求才欲望，往往嫉賢妒能，其結果只能是決策經常失誤，經營處處碰壁。

人力資源是企業的最大資源。企業的生存和發展，追根究柢是靠人才的支撐，企業的利潤，來源於人力資源的最大的發揮，眾多成功

的企業在其千差萬別的理由中，都有一條最基本的因素，那就是有效的人才資源的開發。

由此可見，優秀的領導者，不僅懂得知人、識人，更懂得善用人才。識人知人，讓我們尋找到合適的人才；善用，讓我們留住適合的人才。知人兼善用，則企業人才濟濟，產出優良，上下同心，企業業績高歌猛進不在話下。善用人才的核心是用其所長、容其所短。天天盯住其短處、找毛病，人才何以甘心讓你使用？領導者沒有胸懷，必定不容人所短。用人所長，天下處處是人才；用人所短，天下無可用之人才。識人，善用，是為領導之道。

> ★ 人才是根據求才者的智識高低而出現的，需要用才者善於鑒別、善於使用。

2. 面向人，重視人

現在，國外一些企業非常強調「面向人，重視人」的管理。這種管理的關鍵是對下屬的信任。人性有其共同的特點，就是希望使自己成為重要人物，得到組織的承認和重視。基於這一點，在管理中充分信任下屬，使之時時處處感覺到白己在受到上級的重視，無疑是對下屬的激勵和鞭策。

當然，領導者雖然都知道信任別人對工作會有所幫助，但卻不是都能夠做到的。上級在交代部屬任務時，心中總會存著許多顧慮和疑慮，譬如說：「這麼重要的事情交給他處理，他能辦得了嗎？」或者想：「像這種敏感度很高、需要保密的事，會不會洩露出去呢？」所以領導者常會有這種微妙的矛盾心理。

　　而更微妙的是，當領導以懷疑的眼光去對待部屬時，就好像戴著有色的眼鏡，是不會看到真實面目的。也許一件很平常的事也會變得疑團叢生了。相反的，以坦然的態度信任對方，就會發現對方有很多可靠的長處。所以信任與懷疑之間，就是兩種天地。

　　在楚漢戰爭中，陳平在項羽手下不僅得不到重用，而且還險遭不測。陳平歸漢後，他受到了劉邦的信任和重用。周勃、灌嬰等人曾在劉邦面前詆毀陳平，說陳平是反叛的亂臣。劉邦聽後，詢問陳平為何先後離開魏王和霸王而投奔自己。陳平說，項羽用人而不信任人，他所選用的人，不是項氏家族就是妻室家人，你就是奇才，他也會懷疑你。我聽說漢王善於用人，所以才來投奔。劉邦聽後，遂向陳平道歉，並給予豐厚的賞賜，命他為護軍中尉，監督所有的將領。西漢的建立，陳平是立有汗馬功勞的，他是治國的奇才。正是因為劉邦充分信任人才，並用人不疑，才得人得天下；項羽為人猜忌多疑，便失人失天下。這是何等鮮明的對照。

　　《資治通鑒‧唐紀》記載：有人向唐太宗告發魏徵結黨營私，太宗就派御史大夫溫彥博去查辦。幾天後，魏徵朝見太宗時說，您應當知道，國家的命運與你我是聯繫在一起的，您把相位交給我，是相信我會誠心誠意地治國，如果我們之間心存疑忌，那麼，我們怎麼能治理好國家呢？太宗醒悟，承認了錯誤。魏徵在上疏中強調：管理者與被管理者之間相互信任，才能使國家得到大治。

　　可見，「用人不疑」是古今明哲眾口一詞的見解。

　　不僅如此，信任可以增強下屬的責任感。作為管理者，只有對下屬充分地信任，以信任感激勵下屬的使命感，下屬才能更加自覺地認識到自己工作的重要性，才能在工作中盡職盡責。

　　同時，信任可以增強下屬的主動進取精神。因為，沒有什麼東西比感到人們需要自己更能激發熱情。信任就意味著放權，管理者因信任下屬，也就勇於放權，下屬得到了工作的主動權，就能放開手腳，積極大膽地進行工作，有所創造。

　　信任可以留住人才。不同組織之間的人員流動是正常的和不可避免的，但人才的流失，對公司而言是不利的。信任是管理者的良好品格，能夠吸引住人才；而猜忌多疑則是一種病態心理，最容易導致人才的流失。同時，信任可以使員工感受到你會幫助他們實現夢想和願景，而他個人與企業的夢想和願景達到吻合的時候，他會全力以赴。

　　總之，信任是人類最重要的情感之一，信任是每一個人、每一個組織存在的基礎，也是每一個人、每一個組織成功的基礎。人類的一切活動，都是建立在信任的基礎之上的。沒有了信任，任何人之間都將形成敵對狀態，即使不是在戰場上，對抗也是一種常態；沒了信任，任何合作都將無從談起，所有的事情都將無法進行下去，所有的組織團隊也將化為烏有，這些組織包括政府機關、公司、民間團體，甚至家庭；沒了信任，最強大的國家、最繁榮的經濟都將不復存在；沒了信任，就沒了溝通與交流，也沒了愛情、親情和友情，每一個人都將陷入孤獨和寂寞。

　　一個組織缺乏信任到頭來是會致命的。任何一種激勵措施中依賴的信任表現為領導者對下屬的信任，以及下屬對領導者的信任。信任是雙方的，單一的信任是不會長久的。在一個相互信任的環境中，每個員工都會成為重要的工作者，否則，這個組織也很難長久。

> ★ 與下屬打交道的時候，你們之間有一個信任的存摺，如果你履行了所說的事情，就等於為這個存摺存了一些錢，反之就是在透支。

3. 德才兼備，堪稱人才

企業在用人時，這是一條首先要考慮的原則，一個僅僅有才能的人遠遠是不夠的，很難想像，一個道德敗壞的人身居高位能帶領企業走向成功。所以，在選拔重用人才時，才能雖不可不慮，但德行、人品則應居其一。有才無德不能得人心。所謂「賢人」其實就是德才兼備的人。

品德是內在的結果在外部的表現，也是一個人做人的基礎。在現代社會，很多大公司考慮吸納新人時，都先從德開始。一個無德有才的人是不會給公司帶來好處的，從公司的長遠發展來看，這種人是不可取的。

王剛、李平、李麗三個好朋友大學畢業後一起到上海找工作。

他們在一家電子工廠找到了工作。上班第一天，經理把三人帶到工廠生產流水線旁，他對領班說：「這是幾位新來的員工，你要讓他們盡快熟悉職位。」然後對他們說：「你們的試用期是一個月，一個月後我們再決定是否繼續聘用你們。」

在工廠工作很辛苦，但他們依然懷著一絲憧憬，期望過了試用期後廠裡會讓他們做一些技術性高的工作，學一些東西。

公司訂單很多，一天二十四小時都需要生產，白班、中班、夜班交替著上。最難熬的是從半夜一點到早上八點的夜班，他們不但要上

好班，還要和陣陣襲來的瞌睡蟲較量。

一個月的試用期轉眼就要過完了，他們懷著忐忑不安的心情等待著經理最後的裁決。

經理將三個人叫到了辦公室說：「實在抱歉，你們三人都沒有透過公司的試用，這個夜班上完後，請你們離開工廠。」說完，他把這個月的薪資交給三人後就走了。

過了很久，王剛說：「上班時間到了，我們還是去上班吧！」

「把我們炒了魷魚，還上什麼夜班？」李平衝王剛吼道。

「反正薪資已經拿了，最後一個夜班我才不去呢！」李麗說。

「站好最後一班崗吧！」王剛對另外的兩個朋友說，但他們卻頭也不回地走了。

王剛獨自一人去工作了，下班鈴響起，王剛離開工作臺，不知不覺，他的淚水湧了出來。

王剛走出廠房，意外地發現經理正站在廠房門口，他微笑地對王剛說：「你們三個人都很優秀，但我們要選擇一個最優秀的。你和他們相比，多了一份難能可貴的品德，因此我們選擇了你！現在，你的試用期正式結束了，明天到辦公室接受新職位的任命！」

所以，用人時先看其德，後觀其才。否則縱有精明頭腦和超人才能，也是不能委以重任的，因為任用這樣的人，只能得不償失。

用人先觀其德，後觀其才。「道德常常能填補智慧的缺陷，而智慧永遠填補不了道德的缺陷」，才德是不可替代的。

> ★　德才兼備是全世界無數團隊組織千百年來都遵循的價值
> 觀、人才觀，其本質是要求員工的一切行為都要做到有
> 德、有才，兩者兼備。

4. 用人先要會選人

　　企業要善於分清主次，分清主流和支流，大膽啟用人才中的頂尖者。企業用人還應有差別之分。什麼樣的人才，做什麼類型的事，千萬不可張冠李戴。懂管理的將他請進辦公室，懂生產技術的將他請上工廠流水線。只有做到各就其位，各謀其職，企業的各項工作才會有條不紊地進行，人才也不至於被埋沒。

　　選取合適的人才，怎樣使人才全面發揮出來，就要根據企業的自身的情況而定。透過各種途徑網羅人才。在這方面，微軟公司就為我們建立了典範。

　　在微軟公司成立初期，比爾蓋茲、保羅‧艾倫以及其他的高級技術人員親自對每一位候選人進行面試。現在，微軟用同樣的辦法招聘程式經理、軟體開發員、測試工程師、產品經理、客戶支援工程師和使用者培訓人員。微軟公司每年為招聘人才大約走訪了五十多所美國大學。招聘人員既去名牌大學，同時也留心地方院校以及國外學校。

　　一九九一年，微軟公司人事部成員為了僱傭兩千名職員，走訪了一百三十七所大學，查閱了十二萬份履歷，七千四百人參加考試。年輕人在進入微軟公司工作之前，在校園內就要經過反覆的考核。他們要花費一天的時間，接受至少四位來自不同部門職員的面試。而且在下一輪面試開始之前，前面一位主試人會把應試者的詳細情況和建議

透過電子通訊方式傳給下一位主試人。有希望的候選人還要回到微軟公司總部進行複試。微軟公司透過這些手段，網羅了許多全國技術、市場和管理方面最優秀的年輕人才，為微軟贏來了很高的聲譽，在各大學裡建立了良好的形象。

微軟公司總部的面試工作全部由相關職能部門的人員承擔，開發員承擔招收開發員的面試工作，測試員就承擔招收測試員的全部面試工作，以此類推。面試交談的目的，在於抽象判定一個人的智力水準，而不僅僅在看候選人知道多少編碼或測試的知識，或者有沒有市場行銷的特殊專長。微軟面試中有不少有名的問題。比如，求職者會被問及美國有多少個加油站。求職者毋須說出數字，但只要想到美國有上千萬人口，每四個人有一輛汽車，每五百輛車有一個加油站，他就會推知大約有十二萬五千個加油站。估計出美國加油站的數目，被面試者的答案通常不重要，而看重的是他們分析問題的方法。更為具體地講，總部層次的招聘是透過「讓各部門專家自行定義其技術專長並負責人員招聘」的方法來進行。例如程式部門中經驗豐富的程式經理，就從以下兩個方面來定義合格的程式經理人選：一方面，他們要完全熱衷於製造軟體產品，一般應具有設計方面強烈的興趣，以及電腦程式設計的專業知識，或熟悉電腦程式設計；另一方面，他們能專心致志地自始至終的關注產品製造全過程，他們總是善於從所有想到的方面來考慮存在的問題，並且幫助別人從他們沒有想到的角度來考慮問題。又如對於開發員的招聘，經驗豐富的開發員尋找那些熟練 C 語言程式師，同時還要求候選人不僅具備一般邏輯能力，同時還要能夠在巨大的壓力之下仍然保持良好的工作狀態。

在對每一位被面試者作出嚴格要求的同時，微軟還要求每一位

面試者準備一份候選人的書面評估報告。由於有許多人會閱讀這些報告，所以面試者常常感到來自同事間很強大的壓力，他們必須對每一個候選人做一次徹底的面試，並寫出一份詳細優質的書面報告。這樣，能透過最後篩選的人員相對就比較少。例如在大學招收開發員時，微軟通常僅僅選其中10%到15%去複試，最後僅僱用複試人員的2%到3%。正是這樣一套嚴格的篩選程序，使得微軟集中了比世界任何地方都要多的高級電腦人才，他們以其才智、技能和商業頭腦聞名，也是公司長足發展的原動力。

在商戰中，人才的運用極為關鍵，稍不加以注意就有可能物極必反。如果企業的老闆不能保證人盡其才，那麼最好的辦法是讓「人才」心情舒暢地離開，否則將會給你的企業埋下巨大的隱患。

但遺憾的是，在現實生活中，許多老闆和職業經理人都是「始重恩而終於怨」，初次相見大家都有「相見恨晚」的感覺，似乎彼此都是尋覓已久的心中的「她」，但結果，常常「怨恨分手」甚至反目成仇。這其中有利益的原因，也有老闆肚量的問題。有許多的老闆，都希望員工對自己「愚忠」，凡事只要服從。其實這是老闆的虛榮心在作怪。員工是屬於社會的人才，老闆與員工二者之間不存在人身依附的關係，老闆在潛意識裡不要把員工當成自己永久的私有財產。總而言之，成功的策略應該具備這幾點：人無我有，人有我新，人新我深。

人分三六九等，用人者須量其才華而用之，因材任職，人盡其才。一個蘿蔔一個坑。就像古人所說：「熟識韜略者，讓他運籌帷幄，勇猛無畏者，讓他持刀殺敵，位能匹配，相得益彰。」

> ★ 資訊時代的今天，人才的競爭更是日趨激烈，要想得到更
> 多的人才，領導者就必須會選人。

5. 不拘一格，大膽提拔人才

古人云：「用人不限資品，但擇有材。」即主張使用人應該不局限於資歷、官階級別，只要是有才能的人就選擇。資歷、級別、門第，都不過是表面的印記，不能說資歷深、官階大、門第高，其人必有才能。資歷深淺，雖對衡量其人所從事的工作熟悉與否可供參考，但不能說工作久了其才必高。官階高的原因頗多，有的是靠自己才能，而有的則因朝內有人，或善於獻媚得寵而爬上高位。不能說出於名門必有才，所謂「虎父無犬子」只是自誇。在古代，顯貴之家稱「高門」，卑庶之家稱「寒門」，這不過是有勢者自高其家門以壓人，它與人的才能高低毫無關係。因此，以資歷、級別、門第論人，則難於知人，如此用人，必然多用庸才，將會失去人才。

亨利‧福特（Henry Ford）是一個高明的管理者，因為他十分重視培養和提拔年輕的工程師，這使得當他突然被挖牆腳 —— 底特律新建廠的韋恩公司搶走了他的兩名得力助手法蘭德斯和伍德林格之後，能夠迅速在新秀工程師們強而有力陣容的支援下，順利生產 T 型車。他的別克汽車新工廠就是三十七歲的年輕建築師阿爾巴頓‧康的傑作。福特九十三分鐘的造車祕訣也出自阿爾巴頓‧康的手筆。那時在設計海蘭德公園工廠的時候，康徵求福特的意見：「把工廠設計成長八百六十五英尺，寬七十五英尺，四方形的四層樓建築，以鋼筋混凝土為材料，可以嗎？」

「好的！」福特對康是相當信任的，毫不猶豫地同意了他的建議。

「玻璃占建築物外觀總面積的百分之七十五。」康繼續說。

當時，對一般人來說，這個設想簡直是不可思議的，幾乎所有的牆面都由玻璃圍成，而福特卻對此讚嘆不已。

福特滿心喜悅地說：「機械廠房設在另外一邊，是一棟玻璃屋頂的一樓建築，此外，總廠和這棟玻璃屋頂的機械房在天井中有鋼梁相通，上有吊車，如此，製造完成的引擎或變速器就可以利用天井中的吊車搬到總廠了。」

接著，福特又表示：「總廠四樓全樓面的天井也要加裝吊車。法蘭德斯先生所說的重力傾斜方式的生產流水作業臺是一定要建造的。」

「對呀，成品就可以由高處向下自然滑動，人則可以不動，只要產品移動就可以了。」福特九十三分鐘的造車祕訣就這樣誕生了。

大膽任用，大膽提升，這是公司成功的重要條件。

論資排輩的現象，在很多公司的管理者頭腦中根深蒂固。這種腐朽思想嚴重影響了公司對優秀人才的選拔。企業一批又一批的招募，人才一個又一個的流失，員工因為得不到重用而心灰意冷的離開，企業因為周而復始的招聘而耗資巨大。大膽起用優秀的人才，一是可以避免人才的流失；二是可以激發企業的活力，可謂一舉兩得。

「不拘一格降人才。」大膽聘用、提升，這樣才能打破公司暮氣沉沉的氛圍，使公司邁向繁榮。

> ★「我勸天公重抖擻，不拘一格降人才」，要讓人才脫穎而出，就應該形成選拔人才的長效機制。

6. 捨得高薪，引進人才

「二十一世紀，最珍貴的是人才」，這一觀點越來越被廣為接受。作為一名領導者，你應投資員工，以便獲得長期收益，你應不斷保有人才，並不斷挖掘人才的潛力。

可是，很多老闆卻沒有了解這一點，他們是想盡辦法降低費用，以提高利潤。員工的薪水也是費用的一部分，因此，也應將其降至盡可能低的水準。然而，不論你用多麼美妙的語言來表達對他們的讚賞，不論你為他們提供多麼有益的培訓，不論你為他們勾畫出多麼誘人的「大餅」，在眾人看來，往往是薪水的多少決定了他們價值的大小。

胡雪岩籌辦阜康錢莊之初，急需一個得力的檔手。經過一番考察，決定聘用劉慶生。這劉慶生原先只是大源錢莊一個站櫃臺的夥計，身分很低，但對本行本業非常熟悉，且具有很強的應變能力，是個不可多得的人才。為此，在錢莊還沒有開業，資金周轉都沒到位的時候，胡雪岩就決定給劉慶生一年二百兩銀子的薪水，還不包括年終的「花紅」，而且決定之後就預付了一年的薪資。當時杭州城內，保持每頓葷素都有，冬夏綢布皆備的生活水準，一個八口之家一個月吃穿住的全部花費也不過十幾兩銀子。劉慶生原先當夥計時的收入每月不到二兩銀子，不用說，胡雪岩一年二百兩的銀子，真是高薪聘請了。胡雪岩的這一慷慨，也著實厲害。

首先，他一下子就打動了劉慶生的心。當他氣派的將二百兩銀子的預付薪水拿出來的時候，劉慶生一下子便激動不已，他對胡雪岩說：「胡先生，你這樣子待人，說實話，我聽都沒聽說過。銅錢銀子用

得完，大家是一顆心。胡先生你吩咐好了，怎麼說怎麼好？」這意味著胡雪岩的銀錢一下子就買下了劉慶生的一顆忠心。

其次，胡雪岩的慷慨也一下子安定了劉慶生的心。正如胡雪岩為劉慶生打算的，有了這一年二百兩銀子，可以將留在家鄉的高堂妻兒接來杭州，上可孝敬於父母，下可盡責於兒女，這樣也就再無後顧之憂，自然也就能傾盡全力照顧錢莊生意了。而且，手裡有了錢，心思可以定了，腦筋也就活了，想法自然就高明了。

顯然，就是此一慷慨，胡雪岩便得到了一個確實有能力，也的確是忠心耿耿的幫手，阜康錢莊的具體營運，他幾乎可以完全放手了。

在激烈的商業競爭時代，為了提高生產力，你必須善於激勵員工，必須慷慨大方，而不能讓員工時時感覺到你在拚命地苛扣和壓榨他們。當然，對於什麼樣才是慷慨，每個員工想法各不相同，所以我們也無法準確劃分出慷慨與吝嗇的界線。

當然，這種慷慨也不可能是討價還價之事。當你付出時，不應當期待任何回報。而事實上，你會因此得到更多的回報。如果你對員工付之以慷慨，他們會表現得比你更加慷慨。當然少數員工可能會利用你慷慨之便，但你很快就會知道這一點，並且相應作些處理。

因此，作為老闆，你應該毫不猶豫，該花給員工的你就得花費出去。如果你過於計較這些費用，並將這些費用轉嫁到公司頭上時，員工們遲早會發現這一點，並認為你極不真誠。

作為老闆，犧牲一點自己的費用也許極為值得，這也是你向員工作回饋的一種機會，而且你將因此得到更多的回報。儘管你花費的費用比較多，但毫無疑問的是，員工們在你的激勵之下會拚命地工作，最終你會得到更多的回報。

用人於商場搏戰就是用人給自己賺錢，別人給你賺來大錢，而你卻不肯付以重酬，你的誠意又從何顯示？而以經營效益為付酬多寡的依據，則更是一種不能待人以誠的做法。因為，第一，以效益好壞為付酬多寡的依據，實質上是以自己所得的多寡來決定別人所得的多寡，這本身就給人一種你僅僅以自己利益為出發點的印象，難以待人以誠；第二，經營效益的好壞，原因可能是多方面的，如市場的好壞以及你作為老闆決策的正確與否，都將是影響經營好壞的直接原因。因此，以效益為付酬依據，不可避免地會將那些不為人力所左右的客觀因素或自己決策失誤造成的損失轉嫁到員工身上，這就更談不上待人以誠了。

當然，我們也不可否認，如今有很多公司都在哀嘆人才短缺、無法招攬人才。其實，社會「人才」並不缺少，問題是「識貨」的人太少，而「招」到了，又不懂得「用」。一方面，很多公司都在浪費人才，吹捧虛拍的人，一個一個升遷，賺到盆滿缽滿，「小人」得志的情況很多。另一方面，有「才」者還要懂得「自我推銷」，如果不懂得自我推銷，在當今這個複雜的社會中，焉能伸展抱負呢？

所以，經營者只要能把有用的人才留下，就不怕企業暫時的虧損。而留住人才的方法很多，薪酬激勵雖然不是最好的方法，但卻是一個非常重要、最易被人接受的方法，它有利於員工團隊的穩定，更有利於促進事業的發展。

> ★《孫子兵法》云：「將欲取之，必先與之。」就是說你要想
> 　得到什麼，必先付出什麼。在企業管理中也一樣，企業領
> 　導者要想籠絡員工之心，讓他們盡心盡力為之做事，你就
> 　要懂得與之，或物質，或精神。

7. 淘汰不能勝任的員工

　　美國學者庫克提出了一種稱做「人才創造週期」的理論，認為人才的創造力在一個工作職位上呈現出一個由低到高、到達巔峰後又逐漸衰落的過程，其創造力高峰期可維持三到五年。人才創造週期可分為摸索期、發展期、滯留期和下滑期四個階段。庫克認為，在衰退期到來之前適時變換工作職位，才能發揮人才的最佳效益。

　　後來庫克的理論被許多研究成果所證明。在前蘇聯，高爾基市對市內五家機器廠的一百一十個工廠進行了詳盡調查，對生產效果進行了科學分析，結果是，絕大多數工廠完成國家下達指標的情況與工廠主任任期有關。新的工廠主任開始四年勞動生產率和產量成長最快，任職五到七年後，多數工廠主任得過且過，馬馬虎虎，而且老工廠主任一般是主張用增加工人和設備的辦法提高生產率。由此可見，管理者必須採取措施解決任期過長的問題。

　　美國著名企業家、克萊斯勒汽車公司總裁艾科卡（Lido Anthony Iacocca）曾兩次被免職。艾科卡一九七八年任職克萊斯勒公司，用了三年時間把公司從破產邊緣挽救過來，創造了光彩照人的業績，從此名聲大振。但是到了一九八九年第四季度，即在相隔七年之後，公司再度出現虧損。這之後企業陷入困境，連續出現巨額虧損，公司人心

渙散，巨頭相繼離去。艾科卡無回天之力，被趕下臺。有人認為，艾
科卡在總裁位置做得太久了，這樣弊多利少。連任多年，勢必在公司
內部產生不滿。還有人認為，艾科卡從福特公司帶到克萊斯勒公司的
幾員幹將，也因長期在其手下工作而失去忠於公司的精神。這是艾科
卡造成的「兩難」局面：一方面，他由於缺乏管理能力，公司難以讓
他繼續留任部門經理；另一方面，公司又不希望這麼優秀的人離開。

　　既然是問題就要解決，如何才能做到「既撤換了他的職位，又讓
他安心工作」呢？下面的這些方法值得管理者們借鑑。

(1) 設置工作考察期

　　為了做到人事變動的謹慎和平穩，當發現某部門經理不能勝任工
作的時候，不要忙於做撤換的決定，而是應該有工作考察期。

　　在工作考察期中，管理者有目的地交給部門經理幾件工作任務，
這些工作任務的內容、目標、所授權力等非常明確（管理者最好有書
面紀錄），以便對該部門經理的職位工作能力進行客觀地考察。

　　如果部門經理能比較順利地完成這些工作，則說明部門經理具備
本職位的工作能力，管理者原先對部門經理的評價有誤，工作考察期
可以結束。如果部門經理無法順利地完成這些任務，管理者就應該與
部門經理關於這些任務的進展情況和工作方法進行溝通，以此來掌握
無法順利完成任務的真正原因。當然，部門經理有可能將原因歸結為
客觀原因，這就需要管理者進行認真地分析，判斷出問題的真正癥結
所在。如果確實屬於客觀原因，管理者應該將工作考察期適度延長，
繼續安排工作任務，進行工作能力考察。如果屬於職位能力原因，管
理者就要權衡：是進行培養，還是進行撤換。

　　如果決定撤換，管理者就需要開始選擇繼任者，並安排繼任者以

「部門經理助理」或其他身分協助部門經理工作一段時間，熟悉工作環境和工作內容。與此同時，管理者應該認真地考慮一下如何挽留將被撤換的部門經理。

（2）制訂平衡措施

①他適合什麼新職位？這個新職位是否適合他？

②能否將新職位設置成與部門經理平級的職位？

③他的待遇是否應該降低？

不論怎樣，降低他的待遇就是意味著讓他辭職。所以，管理者不應輕易地去調低他的待遇。為了挽留人才，管理者可以適當地提升他的待遇，以表彰他在任部門經理期間為公司做的貢獻。

（3）做好撤換面談工作

雖然已經制訂了平衡措施，但撤換面談不會就此而變得輕鬆。面談的地點選擇管理者本人的辦公室為宜，面談期間盡量不要有外人打擾。

在開始面談的時候，管理者可以讓部門經理先談談自己的工作，包括工作中的困難和感受。管理者可以引導部門經理一起探討部門工作中的失誤，最後讓部門經理自己感覺到自己的特長不在該職位上。管理者可以從部門經理前途出發，闡明自己對部門經理新的職位安排，並徵求部門經理的意見。

如果部門經理欣然同意，再好不過；如果他很猶豫，可以讓他再考慮幾天，不必當場表態。一般而言，只要管理者誠懇地與部門經理溝通，都會妥善地解決這些問題，並且不會影響他對公司的看法。

在此職位被淘汰下來的員工，並不意味著沒有工作能力，有可能

是在該職位工作時間過長而無法突破或並不適合該職位，管理者應揚長避短，聽取其意見，為其安排新的工作，如果此人實在無能，則再做辭退打算。

> ★ 當企業想乾淨俐落一勞永逸的裁掉某人時，也能使用給員工扣「不勝任」帽子的手段進行裁員。

8. 讓合適的人做適合的事

俗話說，裁衣先量體。在企業中流行一句話：「讓合適的人做適合的事。」意思就是以公司經營政策為前提，僱傭身分合適的人。由此可見，讓合適的人做適合的事對一個企業來講有多麼重要。

在企業管理中，辨識人才、界定工作和使用人才顯得相當重要，準確判定工作合適的人才和其適合的工作，然後將人才和工作進行精準的搭配，才有可能讓員工保持工作的熱情。有效發揮人才的價值，讓合適的人做適合的事，是提高有效執行的重要途徑之一。

美國第一代鋼鐵大王安德魯・卡內基（Andrew Carnegie）之所以成功，除了他有可貴的創造精神外，還有一點非常關鍵，就是他善於識人和用人。卡內基說過：「我不懂得鋼鐵，但我懂得製造鋼鐵的人的特性和思想，我知道怎樣去為一項工作選擇適當的人才。」

卡內基曾說過：「即使將我所有的工廠、設備、市場、資金全部奪去，但只要保留我的技術人員和管理人員，四年之後，我將仍然是『鋼鐵大王』。」

卡內基之所以如此自信，就是因為他能有效地發揮人才的價值，讓合適的人做適合的事。

　　讓合適的人做適合的事，才能突出有效執行的能力，否則就很難達到目的。我們知道，執行力是有限的，某人在某方面表現很好並不表明他也勝任另一工作。

　　有這樣一個經典故事：

　　有個叫猗于皋的人聽說尾勺氏養了一隻豹，非常擅長捕獵，不禁十分羨慕。他想，要是我也能有一隻豹來幫自己捕捉動物，那該有多好！於是，他不惜用一對完好的白璧將尾勺氏的豹換到了手。

　　猗于皋得到了豹非常高興，他大擺筵席，邀請朋友前來喝酒慶賀。酒過三巡，他把豹牽到院子裡讓朋友們觀看。這頭豹果然長得勇武極了。金黃色的皮毛閃閃發光，又小又尖的耳朵直豎在頭頂，兩隻眼睛光芒四射，四肢直而長，走起路來輕盈而矯健。猗于皋得意地向大家誇耀說：「你們看看我這頭豹，多強壯、多勇猛！它的本領可高強了，沒有牠抓不到的動物，我就指望牠幫我了！」

　　從此以後，猗于皋特別寵愛這頭豹，待牠非常好。豹的脖子上套著鍍金的繩子，還繫著飾有美麗紋彩的絲綢，天天都有新鮮的家畜肉吃，過的簡直是達官貴人的生活。猗于皋常常一邊撫摸著豹的腦袋餵牠東西吃，一邊自言自語地說：「豹啊豹，我如此厚待你，你可不要辜負我的希望啊，哪一天，你才能對我有所回報呢？」

　　有一天，一隻大老鼠從房檐下跑過，猗于皋嚇了一跳，急忙跑過去解開豹，叫牠撲咬老鼠，可是豹漫不經心地瞧了老鼠幾眼，又去做牠自己的事了，完全置之不理。猗于皋非常生氣，指著豹大罵道：「難道你忘了我是怎麼對你的嗎？竟然這樣回報我！下次你再敢這樣，我就不客氣了！」

　　又一天，又有老鼠跑過，猗于皋又讓豹去撲，豹似乎忘了猗于皋

的警告，仍舊無動於衷。猗于皋這次真的大動肝火了，他憤怒地取過鞭子狠狠地抽打豹，邊打邊罵：「你這沒用的畜生，只知道享樂，什麼事也不願做，我白對你好了一場！」豹又痛又委屈，大聲嗥叫著，用哀求的眼神看著猗于皋，好像是希望他體諒自己。可是猗于皋根本不顧這些，更加用力地鞭打牠，豹身上凸起了一條條的血痕。

猗于皋的朋友安子佗聽了這件事，趕來責怪他說：「我聽說巨闕寶劍雖然鋒利，但補鞋卻不如尖利的錐子；錦繡絲綢雖然漂亮，但用來洗臉卻不如一尺粗布，花紋美麗的豹雖然兇猛，但是捉起老鼠來卻不如貓。你怎麼這樣蠢，為什麼不用貓去捉老鼠，放開豹去捕捉野獸呢？」猗于皋高興了：「對啊！」於是他按安子佗說的去做，很快，貓把老鼠全捉完了，豹也抓來了許許多多野獸，數都數不清。

一個人的智慧畢竟是有限的，事事能幹的人，自古沒有。況且，即使有這種事事能幹的人，那麼他的精力也不可能面面俱到，所以，一個有領導能力的人要懂得讓合適的人做適合的事。

有材不用，固是浪費；大材小用，也有損失也有發展；小材大用，則危害事業。在識別人才之後，還需要有用人的智慧，即將人才用到最適合的位置，發揮他的長處。

大衛・伯恩說過：「讓合適的人做適合的事，才能有效發揮人才的價值。」讓合適的人做適合的事，人盡其才，不僅能有效地發揮一個人的價值，還能有效地提高員工的有效執行能力，這對企業和員工都是件十分有益的事情。

> ★ 人分三六九等，用人者須量其才華而用之，因才任職，人盡其才。

第四章

為將之道，當先育才

1. 充分教育和培訓員工

俗話說：「不想當元帥的士兵不是好士兵。」一些公司在獎勵「好士兵」時往往將其晉升到管理者職位上，鼓勵其當「元帥」。殊不知，「好士兵」未必能成「好元帥」，如此的激勵說不定反而使人驕傲自滿而停滯不前，逐漸墮落，毀了無數的「好士兵」。

沒有忠誠勇敢的士兵無法取得戰鬥勝利，沒有忠誠上進的員工也無法謀得企業長遠發展。未來的競爭是人力資源的競爭，無論是技術、資金還是好的創意都是靠具體的人來掌握和執行的。誰擁有品質高、積極性高的員工和具備職業精神的一流團隊，誰就能在下一波發展中拔得頭籌。

要想讓員工在競爭中拔得頭籌，就要加強對員工的培訓。培訓是員工能力提升的一個重要手段，透過培訓，不僅可以幫助新員工掌握新工作所需的各項技能，更好地適應新環境；也可以使老員工不斷補充新知識，掌握新技能，從而更快地適應工作變革和發展的要求；更重要的是，培訓可以使企業管理者及時了解新形勢，建立新觀念，不斷調整企業發展策略和提高經營管理水準。企業員工整體程度的提高，可以有效地增強企業的競爭力，能力高的員工是企業制勝的法寶。因此培訓可以說是企業獲取員工能力優勢的重要手段，是形成核心競爭力的重要管道，也是企業持續發展的力量源泉。

具體來說，培訓員工有以下一些方法：

(1)　讓員工定期參加一些他們通常不參加的會議，如普通員工參加不熟悉的專業會議，會計師參加市場行銷和開發業務會議等等，使每個員工都能得到一些有關其他同事工作的

第一手資料，這將有助於開闊他們的眼界和心胸，增強互助合作精神。

(2) 在公司內或公司外舉辦「活化思考」俱樂部的活動，訓練員工的思維和觀察能力，養成動腦習慣。

(3) 行為模式訓練。即利用錄影機放映正確的行為表現，進行討論，明訂正確的行為標準，進行人際關係相互促進方面的訓練。

(4) 業務工作模擬訓練。即進行紙筆練習模擬，電子媒體模擬，學習和提高管理技能。

(5) 讓你的小組成員實地觀察你如何處理顧客申訴，如何舉行正式報告會，怎樣到處走走看看等等，用你的風格去啟發他們，用你的特質去影響他們。

(6) 實行職位輪換制度，即讓員工定期到本職以外的部門或工作職位上任職，這種任命雖然是暫時的卻是實際的，也就是要求他們在任職期內要有看得見、摸得著的工作成果。

(7) 鼓勵人們登記入學，參加各種學校舉辦的教育課程，參加公司內部的培訓課，並要確保不因為「工作以外的學習」而使學習者蒙受任何間接的懲罰和損失。

(8) 舉辦由員工和公司管理者共同參加學習的課程和講座。

(9) 鼓勵員工積極爭取各種專業協會的成員資格。

(10) 鼓勵員工就自己的研究或工作專案在公司內外進行介紹或報告，尤其是向公司內其他部門和單位做介紹。

(11) 使人們樂於到各種臨時的跨部門專案工作小組去服務。

(12) 邀請本公司其他部門各級人員來與自己部門員工聚會，請

他們談談需要給予哪些支援與合作，同時鼓勵他們邀請自己的人去訪問他們。

(13) 派出一百五十名員工而不是兩到三名代表，花上整整十天時間去參觀某個產業展覽。

(14) 邀請本公司其他部門或外公司，如用戶公司或供應方公司的人到你所在的部門工作一段時間。

(15) 任務培訓。即在受訓人之間實行類似於「上級對下級評價」和「下級對上級評語的回饋」等訓練，以增加人際關係的經驗。

(16) 新員工訓練。即對新員工進行多方面實際訓練，目的在於強調實習安全和掌握知識、技術，不在於生產數量的多少。

除此之外，西方公司中還有一些值得借鑑的方法，如：

(1) 閱讀材料。即讓受訓人閱讀一些有關的材料。

(2) 案例討論。以小組形式進行實地或假設案例分析討論。

(3) 會議或講座形式。團隊對某些專門問題進行討論；請專人講述有關題材方面的內容。

(4) 在職培訓。由有經驗的人指導，在工作中提升自我。

(5) 自學。即有目的地編寫公司的講義讓其自學。

(6) 敏感性訓練。著重進行互相尊重、社交聯絡和對團隊工作了解等方面的訓練。

作為管理者，要用心來訓練你的人員，因為他們的成功就是你的成功。在商場上管理一個工作團隊，就跟在運動場上帶領一支球隊一樣，如果不好好規劃人員的訓練工作，那是難以取得成功的。

> ★ 在一個能夠給員工提供更多的發展機會的企業裡，員工必然會對企業更加忠誠，也會發揮自己的潛力，用良好的業績來回報企業。當整個企業的員工都有這樣向上的積極性的時候，企業的整體競爭力就會得到提高。

2. 走出員工培訓的迷思

有效培訓的祕訣在於激勵。要使你的員工們願意學習，應向他們表明，培訓將使他們掌握更多技術和提高收入，在晉升機會或工作保上，得到應有報酬。告訴他們為什麼要以這種方式做某件事。只知道做什麼和如何做的員工只了解事情的一部分，如果他們知道為什麼要按規定的方式去做，那就能更好地激勵他們。

如果你正在培訓新員工，不要指望在短期內就能見效。多數人在學習中都會遇到某種困難；有些人對問題理解得快，有些人則要花費很多的時間和精力。員工們學得快時要給予表揚，當他們遇到困難時要給予鼓勵。反覆向他們講解應如何去做。告訴他們，別人在學習這一部分工作時遇到了困難，但不久之後他們都能找到訣竅。如果工作很複雜，就帶領員工做一遍，你做複雜的部分，讓他們做容易的部分。然後逐漸讓員工去從事更困難的工作。記住告訴他們去做什麼，怎樣做，以及為什麼要這樣做，多多給予表揚和鼓勵。

然而，也有一些企業管理者，特別是民營企業管理者由於想法、認知上的一些迷思，包括擔心員工提高技能後會跳槽等，因而缺乏對員工培訓的熱情和措施，並最終導致企業發展後勁不足。要知道，人才的知識技能是需要不斷更新和補充的。

　　一些企業在對員工的培訓上存在以下迷思：

迷思一：培訓「無用論」

　　在一些企業管理者看來，對員工進行短期培訓不會取得立竿見影的效果，培訓不僅耗費員工的工作時間，而且也耗費企業資金，得不償失；有的管理者認為培訓是可有可無的事情，多年來一直未實施培訓，企業一樣照常運作。

迷思二：培訓「流失論」

　　為了加強新招大學生的實際操作技能，一家企業選送了一批大學生外出培訓學習。然而，在對他們進行了專業技術培訓後不久，好幾位大學生跳槽了。老闆很氣憤地表示：花了那麼多的錢培訓新員工，結果卻跳到競爭對手的企業去了，以後再也不送員工出去培訓了。在現實中，確實有些企業的員工經過培訓後流失，給企業造成一定的損失。特別是民營企業，員工流動性相對較大，一般在 15% 到 30%，有少數企業高達 50%。很多企業為了避免這種情況，對本來就猶豫不決的培訓更加望而卻步，認為不能「為他人做嫁衣」，當企業透過培訓將員工特質提高了，使他們的翅膀變硬了，他們就會選擇跳槽，使別的企業尤其是競爭對手坐收漁翁之利，企業豈不是人財兩空？

迷思三：培訓「萬能論」

　　一些民營企業在重視員工培訓的同時，不知不覺又進入了另一個迷思，就是過分強調培訓。員工技能不足了，培訓；銷售業績下滑了，培訓；服務態度不好了，培訓……只要出現什麼困難，有了什麼危機，就會想到培訓，把培訓當成是解決管理問題的「萬能鑰匙」。殊不知員工成才需要一個過程，僅靠幾次培訓就想解決企業遇到的問題是遠遠

不夠的。

　　一位人力資源管理專家在某企業進企業人力資源管理培訓時，這家企業的老闆向專家抱怨，有些員工的能力太低了，而且越來越不聽話，希望專家能透過培訓幫助解決「聽話」的問題。這位老闆的如此請求，實際上就是把培訓萬能化了。

　　人才是個動態的概念，其知識技能是需要不斷更新和補充的。企業不應把人才當做不斷燃燒的蠟燭，而應將其視為一個「蓄電池」，在不斷放電的同時，也應不斷地給其充電。

　　無數成功企業都有一條相同的經驗，那就是著眼未來，著眼發展，大力培養人才。美國《時代雜誌》中發表的一項調查指出：68%的管理者認為由於培訓不夠而導致的低水準的技能正在破壞企業的競爭力，53%的管理者認為透過培訓明顯降低了企業的支出。

　　透過培訓可以使員工獲得發展的機會，滿足其自我發展的需要；建立科學、系統的員工培訓機制，可以充分挖掘員工的潛能，為企業和社會多作貢獻……這些，都是被許多有遠見企業的實踐所證明的。

> ★　從一定程度上講，企業的競爭是人才的競爭，而人才的競爭關鍵是培訓的競爭。企業應將人才視為「蓄電池」，不斷地為其充電。

3. 對員工進行培訓

　　任何一個人，並非天生就作為人力資源要素發揮作用，需要透過教育使之具有能力。就是進入工作職位後，由於要適應工作要求，尚需不斷再培養、再教育，公司人力資源開發與管理，正是承擔著這一

重要任務。

王永慶說，「人才的培養最重要」、「不培養人才，無疑是最大的浪費」、「培養人才要有一套計畫，使人才能夠循著設定的訓練過程，就像開一條路，讓人們能夠照著路走」。

按照王永慶的想法，台塑規定每年新進企業的人員，不論身分學歷如何，都要到基層現場實習六個月，並接受訓練，而且要求寫出一份心得報告。訓練的目的：一是培養獨立思考、解決問題的能力。二是改變固有觀念，使新進人員盡快適應企業的需要。三是在工廠基層磨練意志，使他們知道一個企業的成長，基層最為重要，並使他們一旦當上主管，就能知道基層在做什麼。同時每個月還要寫出心得報告，由擔任教師的主管輔導考核。六個月期滿後，再由總管理處派主考官到各廠區舉辦期滿考試，成績合格者才正式任用。

台塑對學員寢室的安排：他們要求每間寢室住的四位學員，一定是擔任不同性質工作的，這樣，他們之間將有機會交換不同的工作經驗。

在餐桌的安排方面，台塑要求：學員每週要換桌一次，使更多的學員相互認識，為以後可能的業務溝通打基礎。

學員在訓練期間每天早晨要進行一小時的晨跑鍛鍊，養成學員自覺堅持鍛鍊身體的好習慣。

學員們，還要撰寫心得報告，以備在結訓典禮的「綜合檢討會」上的抽查。綜合檢討會是由王永慶親自主持的，會上他要當場抽選十到十五名學員上臺發表心得與感想。聽完報告後，王永慶當場加以評定。

錄用前的強化訓練，使學員們的觀念很快轉移到台塑企業上。懂

得自己的奮鬥目標，因此而有所適從。

　　一個成功的管理者會讓他底下所有的員工 —— 不論在哪一個階層，都能夠系統地接受各種訓練。這不只因為他關心他們，而且也因為這麼做是有經濟效益的。根據調查顯示，受過訓練的員工，表現得比那些未經訓練的同事要傑出得多。

　　單靠個人閉門造車式的自行練習，是不夠的。這就好比一個做事方法不正確的人，不管他再怎麼努力練習，最後的結果也只是會把錯誤的方式學得很完善而已。

　　要把訓練當成是一種自我提高的方法，它可以讓你的員工從別人的成功和錯誤裡學到經驗，避免艱苦的學習過程和必須付出痛苦的代價。

　　所以，作為一個公司的領導者，你應該認識到培訓是公司在人力資源上的長期投資，公司的業務發展是以員工的發展為前提，培訓是促使員工成長的長期有效的手段。

　　下面是卡內基培訓員工的六條祕密：

(1)　給予他人真正的讚揚。受訓者應學會在十五秒的時間內說出對一個人的欣賞之處，而又絕非奉承。

(2)　真正地關心他人。受訓者應該像迪士尼樂園的員工那樣，必須記住每個人的名字，學會鼓勵他人多發表意見，並採取行動。

(3)　不批評、不責備、不抱怨。受訓者應學會避免批評、責備和抱怨。在卡內基看來，批評通常勞而無功，因為批評會逼人辯解，為自己的理由辯護。

(4)　幫助新管理人進行管理。受訓者應學會突破自己，幫助新

管理人改進業務，清除部門障礙。

(5)　學會從別人的角度看問題，受訓者要將心比心，站在別人的位置去考慮問題。

(6)　培養決斷力。無論是新管理人，還是員工，都需要決斷力，故受訓者需要在各種模擬的條件下，做出自己的判斷和努力。

> ★　培訓者的一個重要任務，是使受訓者認同培訓專案的目標。

4. 培訓是企業不可忽視的效益

「十年樹木，百年樹人」用這句格言來比喻人才的重要性和培養人才的艱鉅性。在現代社會中，所謂的企業競爭，實質就是人才的競爭，誰擁有傑出的人才，誰就能在激烈的商戰中屹立不敗。那些世界知名的企業總是把員工培訓當成企業必備的條件之一。

人才是一個企業成功的基礎，對於寶僑而言，這也不例外。最優秀的人才加上最好的培訓發展空間，這就是寶僑成功的基礎。

寶僑每年都從頂尖大學招聘優秀的大學畢業生，並透過獨具特色的培訓把他們培養成一流的管理人才。寶僑為員工特設的「P&G 學院」提供系統的入職、管理技能和商業技能、海外培訓及委任；語言、專業技術培訓。

(1)　入職培訓：新員工加入公司後，會接受短期的入職培訓。其目的是讓新員工了解公司的宗旨、企業文化、政策及公司各部門的職能和運作方式。

(2) 管理技能和商業知識培訓：公司內部有許多關於管理技能和商業知識的培訓課程，如提高管理水準和溝通技巧，領導技能培訓等，它們結合員工個人發展的需要，説明新員工在短期內成為稱職的管理人才。同時，公司還經常邀請 P&G 其他分部的高級經理和外國機構的專家來華講學，以便公司員工能夠及時了解國際先進的管理技術和資訊。公司獨創了「P&G 學院」，透過公司高層經理講授課程，確保公司在全球範圍內的管理人員參加並了解他們所需要的管理策略和技術。

(3) 海外培訓及委任：公司根據工作需要，透過選派各部門工作表現優秀的年輕管理人員到美國、英國、日本、新加坡、菲律賓和香港等地的 P&G 分支機構進行培訓和工作，使他們具有在不同國家和工作環境下工作的經驗，從而得到更全面的發展。

(4) 語言培訓：英文是公司的工作語言。公司在員工的不同發展階段，根據員工的實際情況及工作的需要，聘請國際知名的英文培訓機構設計並教授英文課程。新員工還參加集中的短期英文職前培訓。

(5) 專業技術的在職培訓：從新員工加入公司開始，公司便派一些經驗豐富的經理悉心對其日常工作加以指導和培訓。公司為每一位新員工都制定其個人的培訓和工作發展計畫，由其上級經理定期與員工進行總結回顧，這一做法將在職培訓與日常工作實踐結合在一起，最終使他們成為本部門和本領域的專家能手。

　　經過培訓後，員工會很快適應工作環境，充分發揮出自己的聰明才能，全身心地投入到該職位的工作中。在此情況下，管理者應制定出培養計畫，並幫助其做出與企業願景相匹配的職業生涯規劃，在滿足其物質需求的基礎上增加精神激勵，用有價值的個人目標和組織目標促進其成長，使其認同企業文化，逐漸把企業的發展等同於自己的事業。此外，員工往往能掌握正確的工作方式和方法，並在工作中不斷創新和發展，當然其工作品質也就能大大提高。另外，隨著企業員工知識的增加、能力的提升，在工作中自然就能減少失誤，減少工作中的重複行為。而且，透過培訓，還可以加強企業員工之間的溝通和協調，減少部門間的摩擦和衝突，增強企業的凝聚力和向心力，這些都可以大大提高整個企業的工作效率。

　　每個員工都渴望自己能成為一個能當元帥的好士兵，希望不斷充實自己、完善自己，從而使自己的潛能不斷地得以挖掘和釋放。因此，工作對很多員工來說，不僅僅是一份職業，也是其實現自我價值的一個舞臺。所以，當企業重視並投資於員工的各種培訓，員工就會感到自己的價值被企業所認可，從而產生一種深刻而持久的工作驅動力，使企業始終保持高昂的士氣。

> ★ 領導者要把培養優秀的人才，做為一項重要的任務來執行，擴大進行人力資源投資，從而實現公司持續發展的必由之路。

5. 用培訓來提高員工的工作熱情

　　今天的工商業競爭異常激烈，商務培訓已不再是一項奢侈的開

支，而是一種必需，日新月異的現代社會發展要求人們的工作習慣和方法也要隨之發展。在西方國家，人們在觀念上已不把培訓當作一種成本，而是作為一種投資、一種福利、一種激勵方法寫在企業經營計畫裡。用培訓凝聚人心、鼓舞士氣，激勵員工不斷保持高漲的工作熱情，情緒飽滿地工作。

員工在工作中所得到的東西也絕非高額的薪水和優渥的待遇那麼簡單，與優渥的薪水相比，能夠獲得豐富的技能培訓，不斷增長見識、提高技能水準也是衡量知識型員工的重要指標。

如果看不到發展的前景和進步的希望，員工就會因得不到有效的激勵而失去工作的熱情，因沒有不斷超越的愉悅而懈怠、而思變，長此以往，人員流失將是一個令公司頭疼的難題。

為此，許多跨國公司不惜重金建立了自己的培訓基地，有的企業甚至建立了專門用於員工培訓的學校，使得企業不僅僅是一個工作的場所，也是個獲取知識的課堂，員工在企業不僅僅因為付出而感到快樂，更會因為獲得更多而付出，而為企業貢獻才智。

所以，培訓作為一種激勵手段，對員工保持持久的工作熱情和工作能力是非常必要的。馬斯洛的需求理論告訴我們，人的最高需求是自我實現，也就是自我的管理。要想達到完全意義上的自我實現，離不開員工自己每日的自省與自勵，只有持續地堅持學習，堅持每日進步，每日修練，才能不斷超越自我，在邁向成功的路途上受到機遇的垂青並抓住機會，達到最終的自我實現。

結合這兩個方面的考慮，必須給員工提供自由發揮的空間，不斷強化員工的自我培訓，為員工提供學習和進步的空間與時間，幫助員工在自我教育與訓練當中獲得提升和發展，達到自我充電的目的和培

訓的效果。

> ★ 培訓，能打造一支打不敗的團隊；培訓，能打造一家打不
> 敗的企業。

6. 為將之道，當先育人

　　一個企業在管理上不能忽視培訓的作用，培訓除了新員工的職前教育和員工基本業務技能培訓之外，還要建立一套符合公司自己發展的課程。如果在資金允許的時候，還應該設培訓獎勵制度，激發員工的上進心。

　　在培訓員工方面，管理者不妨學習一下以下經驗：

(1)　制訂出人才訓練書以支援各種業務計畫。你需要一個適當的人選，能在適當的地方、適當的時候，具備適當的知識和技巧，來執行你的計畫，並使它們圓滿成功。

(2)　要對你小組的每一個成員，有系統的開發潛能。假如你不這麼做的話，那些最有潛力的人才將會最早離開。

(3)　利用工作說明書做基本教材，當做新員工的第一個訓練。仔細考慮一下他們需要具備什麼樣的知識和技能，以及要如何才能幫助他們獲得這些知識和技能。

(4)　從員工中指定一個專人，由他負責幫助新進人員，讓新人可以隨時向他求助。要聽到新人在說「我們」時，是指你的組織，而不是那個他們剛剛離開的企業。

(5)　試著讓員工透過本身的理解去學習，尤其是要有看和做的過程，因此不要只是說，要實際做給他們看，並讓他們親

手練習。

(6)　培訓人才以保持競爭優勢。以市場上占有領先地位的 IBM
　　　公司為例，該公司的人才培訓計畫，是希望公司裡的四十
　　　萬名員工每年都能暫時拋下手邊的工作，接受為期十天的
　　　在職訓練。

　　　隨著公司業務日益蓬勃發展，新產品、系統、政策和市場
　　　等因素都會刺激人才培訓的需求。培訓工作是永無止境
　　　的，沒有了它企業和員工就沒有成長可言。此外，以長遠
　　　的眼光來看，未來公司改變的機率有增無減，這也會使人
　　　才培訓的需要大增。

(7)　人才培訓的重點應放在強化優點、糾正缺失並發展潛能
　　　上。幫助員工將訓練當成一種令人興奮的機會，而不是令
　　　人不悅的待遇或是變相的處罰方式。

(8)　邀請你的客戶對你們公司服務的標準做一些指教，並建議
　　　一些可能改進的方法。對所有必須和客戶接觸的員工，不
　　　管其接觸方式是面對面、利用電話或信件往來，一律要接
　　　受訓練。

(9)　以工作企劃和工作派任方式，發掘員工的分析能力和領導
　　　技巧，以觀察和測試出最適合晉升的人選。向員工解釋需
　　　要的內容有哪些，然後請他們將重點重述一遍，以確定他
　　　們是否了解。為了幫助那些沒有經驗的人，你要請他們下
　　　次來的時候把他們的企劃案帶來，以了解他們的進度。

(10)　利用工作輪調的方式，增加傑出人員的各種工作經驗。對
　　　那些將來必定會位居要職的人來說，他們需要盡可能地擴

大經驗，以了解組織裡各個不同部門的工作領域。

(11) 人才的訓練是將知識和技能轉移給員工，而不是去教化他們或對他們洗腦。你的目的是說明工作小組裡的每一個成員，使其都能發揮他們的潛力，以共同創造公司的利益。假如你能幫助你的同事，讓他們變得更有信心、更有主張、不再害羞而且更加獨立的話，那你何樂而不為呢？隨著員工對個人的信心逐漸增強，這些人格特質也會慢慢地在他們的身上產生出來，而這對扭轉初期一些不利的條件、狀況，將會有所幫助。

管理者要記住，要用心地訓練你的人員，因為他們的成功就是你的成功。在企業裡管理一個工作團隊，就跟在運動場上帶領一支球隊一樣，如果不好好規劃人員的訓練工作，是絕對不會成功的。

> ★ 企業要帶動自己的員工成長，幫助員工成長，使員工成長為對企業有用的人才。

7. 員工培訓是一種策略性投資

中小企業的人力資源問題一般很嚴峻，受公司規模的影響，不容易吸引頂尖人才，加上公司的自身格局限制，人力資源的挑選、培訓、任用、考核也較難制度化、正規化，因此會產生許多總經理所擔心的現象，比如：招不到好人才，從大公司挖來的人才用起來不順暢，想要培訓成本太高，不培訓程度跟不上，好人才不易留住，翅膀硬了便飛走，薪資給的高，成本上升，給的不足，很快便被挖走。

中小公司要想有效地解決人力資源的問題，光靠招聘還不行，還

要注重培訓，培養自身的程度，提高盈利能力。

西門子公司歷任總裁都非常注重對員工的培訓、培養，提高他們的學識、業務能力。

西門子認為，每個人身上都有一個巨大的資源庫，然而還沒有充分地發揮出來。為此，他自己編了一門自我激勵的課程，稱作「做個偉大的人」。

「做個偉大的人」這門課程包括二十卷卡式錄音帶和一本課本。課程的前言對決心變成偉大的人的員工提出忠告：「你好！你已決定改變你的一生了。你已經處在變成一個新人的過程中了。

「一次又一次地播放這些錄音帶吧。重複的力量是無限的。舉例說，一再地對一個人說『好像有點道理』。到第四次，你會說：『我也要試試看』。第五次 ── 『好棒，我今天試過了！』

除此之外，西門子還下功夫挖掘他人的推銷能力。他常說：「假如你把一條魚捐給一個人，只能養活他一天。但是，假如你教他怎樣去捕魚的話，你就能夠養活他一輩子。」可見，西門子是非常注重發揮人的自覺性、創造力的。

同時，在一九二二年西門子公司撥款建立了「學徒基金」，專門用於培訓工人，以便儘早使他們掌握新技術和新工藝。幾十年來，公司先後培訓出數十萬的熟練工人。

人力資本理論創始人、一九七九年諾貝爾經濟學獎獲得者希西奧多‧威廉‧舒茲（Theodore William Schultz）在一九六〇年代依據大量的實證分析得出一個突破性結論：在現代社會，人的特質（知識、才能和健康等）的提高，對社會經濟成長所起的作用，比（物質）資本和勞動（指非技術性勞動）的增加所起的作用要大得多，而人的知識

才能基本上是投資（特別是教育投資）的產物。按照這種理論，不應當把人力資本的再生產僅僅視為一種消費，而應視為一種投資，這種投資的經濟效益遠大於物質投資的經濟效益。而且人力資本投資不再符合邊際收益遞減規律，而是邊際收益遞增的。也就是說，低能力的人才團隊，不僅生產效率低下，而且會造成大量浪費。所以，從某種意義上說，員工培訓，是一項回報極高的投資，透過培訓，使員工團隊能力得以提升，從而實現增收和節支雙重回報。

其實，對於員工的培訓是每一個企業最重要的一項管理工作，忽視了它就等於忽視了企業未來的生存環境。松下幸之助認為，對於企業來說，企業首先生產人，然後才是生產電器。所以，企業要帶動自己的員工成長，幫助員工成長，使員工成長為對企業有用的人才。

古人云：「工欲善其事，必先利其器。」領導者要把培養優秀的人才，做為一項重要的任務來進行，擴大進行人力資源投資，從而實現公司持續發展的必經之路。

培養員工是激勵員工把工作做得更好的動力。

8. 開發和培養員工的特長

人的特長具有用進廢退的性質，特長越是用它，它越能發展，越能增進它的優勢。相反，如果不用它，廢置一邊，那它得不到增進發展的機會，久而久之，就會退化萎縮。

用人應該懂得員工的特長用進廢退的道理，要善於在使用中開發人的特長，挖掘人的特長，促進人的特長發展。透過使用，在實踐中培植人的特長，養育人的特長。發現和看到人才的特長而不使用，不僅是最大的人才浪費，而且也是對人才的一種可怕壓抑。

因此，作為管理者，一定要懂得開發和培養員工的特長。

海信集團人力資源部部長盧夏青介紹，海信的企業精神是「敬人、敬業、創新、高效」，其中「敬人」是海信企業精神的核心，更是海信人力資源理念的根本出發點，其精髓是厚德載物的仁愛思想和人本主義。

在海信的員工考核上，盧夏青部長做了一個形象的比喻，她說：「每個人都有缺點和優點，而且優點突出的人常常缺點也很突出，儘管你想聘用的只是某個人的一隻手，但你卻不得不聘用他整個人。」因此，人力資源管理者必須善於透過考核評量來激發員工的優點，透過運作機制來削弱員工的缺點。在經營者看來「人才更主要的是相對於適不適合企業而言的，而不能單純以能力大小來衡量。合適的人如果放在合適的位置上，他就是人才」。在考核評量者的眼裡，「人人是好人」；而經營者和直屬經理則要承擔起「讓人人成為好人」的責任。

總之，海信要在「公平、公正、公心、公開」的氛圍中，使「能者上、平者讓、庸者下」，讓所有的海信員工都能「行有方向，做有盼望」。海信堅持「技術是根、創新是魂、人才是本」的經營理念，始終把人才作為企業發展的創業之本、競爭之本、發展之木。因此，海信在選人上不看出身，最看中的是認同海信以下三點文化取向者：一是要有事業心，要有做事的熱情；二是要具有一定的產品技術或者管理技術能力；三是要有學習精神，在社會的迅速發展、知識的快速更新中，學習精神是非常重要的。

完善有效的人力資源開發，就是開發和培養員工的特長。二戰後的西德最大的冷軋鋼廠領導者霍爾曼被西方業界公認為最優秀的女經理，她在一九七九年訪華時曾說：「作為一個經理，應該知人善任，了

解每一個下級的工作能力和特長。」

　　要想做到「開發和培養員工的特長」，必須做好人力資源的開發和規劃，這樣既可以保證人力資源管理活動與公司的策略方向和目標保持一致，促使人力資源管理各個環節、各個階段相互協調、相互銜接，又可以為公司增加無形資產。開發和培養下屬的特長，不僅能有效地發揮一個人的價值，還能有效地提高員工的有效執行能力，這對企業和員工都是件十分有益的事情。

　　在美國，有一位「樹根雕刻家」，善於利用樹根的天然形狀，順勢雕刻成栩栩如生的人和動物。這門獨特的藝術，給研究「人才成敗」的作家葉永烈予以有益的啟示，他寫了一篇題為「順勢成才」的文章，指出：「人才也與樹根一樣，千姿百態。不論是選拔人才的『伯樂』，還是人才本身，都應具有『樹根雕刻家』的眼光，善於根據人才的特點，『順勢成才』。」

　　故世不患無才，患有才者不能器使而適用也。對於人才必須「器使而適用」，使其特長得到充分發揮。這正是領導者的用人藝術。

　　總之，管理是很簡單，就是將正確的人放在正確的地方。

★ 只有將工作選擇和個人的特長相匹配，才能相得益彰，才
　能激發出員工的工作熱情。

第五章
領導無形，管理有道

1. 贏在管理

　　管理是一門科學，又是一門藝術。管好人、用好人對一個企業來說至關重要。有人當上領導者之後，便開始指使別人，似乎管理就是管別人，讓別人按照自己的想法去做。殊不知，偉大的人管理自己而不是領導別人。

　　科學的管理、完善的品質控制，加上不斷開發創新才能保證企業在變化的市場中始終立於不敗之地。企業的最高管理者必須擁有先進的管理理念，這是企業管理的靈魂所在，只有管理者掌握了正確的策略發展方向，制訂了完善的管理制度，企業才能有條不紊地按照既定方向持續地向前發展。

　　隨著經濟的發展，企業管理也在不斷進步。越來越多的人認為，員工與老闆之間不應該是冷冰冰的員工和雇主的關係。

　　沃爾瑪推出了全新的人才管理概念 —— 公僕領袖。也就是領導者和員工之間是一個「倒金字塔」的組織關係，領導者在整個支架的最基層，員工是中間的基石，顧客永遠是放在第一位。領導者為員工服務，員工為顧客服務。為什麼這樣說？零售業是服務性產業，顧客就是「老闆」，這是一個真真切切、實實在在的事實。員工的薪資和生活享受不是從領導者那兒獲得，而是來自他們的「老闆」 —— 顧客。只有把「老闆」伺候好了，員工的口袋裡才會有更多的鈔票。員工作為直接與「老闆」接觸的人，其工作精神狀態至關重要。員工成天為「老闆」服務，誰來服務員工呢？在沃爾瑪就是 —— 領導者。領導者的工作就是指導、支持、關心、服務員工。員工心情舒暢，有了自豪感，就會更好地服務於顧客。在沃爾瑪，任何一個員工佩戴的名牌注

明「OUR PEOPLE MAKES DITFFRENCE」，也就是「我們的同事創造非凡」。除了名字外，在名牌上沒有職務標明，包括最高總裁。公司內部沒有上下級之分，直呼其名，營造了一個上下平等的氣氛。

良好的服務換來了源源不斷的客流，沃爾瑪成功了。

要想成為一名卓越的企業家或高層管理人員，除了必須具備一個領導者的特質外，還必須在繁忙的工作中抓住時代發展的脈動，及時甚至超前地掌握住那些最新最全面的管理理念，使自己在激烈的競爭中脫穎而出。

內蒙古的乳業品牌伊利與蒙牛，「先做人後做事，要做就做最好！」無論在伊利還是在蒙牛，這句話被奉為至理名言。這句話是李成雲在伊利集團管理中提出的理念，現在已經被這兩家乳業引進企業文化核心理念之中。

談到「先做人後做事，要做就做最好」這個理念時，李成雲頗有感觸：做人是個基礎，做事是個態度，做好是一種標準。

李成雲認為：「思路決定出路，財富不在口袋裡，應該在腦袋裡，所有的東西都是觀念的問題，有錢賺錢容易，沒錢賺錢還容易，但有錢賺錢是資本下的蛋，沒錢賺錢是思維下的蛋，你一定要去思考，把有錢的人，有資本的人，有能力的人，聚集在一起共同打造，決定市場。」

他正是靠著卓越的管理理念，才將「非常牛」的品牌迅猛崛起，短短一年，它不僅把健康純正的奶品帶給了千萬家庭，而且還成功進軍中國東北、華北、華中的乳業市場，把「非常牛」這一品牌迅速傳遞給世人。

在激烈的市場競爭中，只具有優良的產品品質和企業信譽是遠遠

不夠的。要想取得更大的發展，必須有良好的企業管理模式。有效的管理方式是事業成功的保證。理念可以說是一種精神追求，是全體員工共同認可的理想觀念，用以引導企業員工的行為，它能使一個企業獲得強大的內在動力。理念的堅定程度，將直接影響企業經營活動的成敗。一個企業只有不斷適應形勢的變化，確立健全企業的理念，並且嚴守這一套理念，將之作為該企業一切政策和行動的出發點，方能取得成功。

可見，財富不是壓榨員工得來的，而是善待每一個員工贏得的。正如九鼎裝飾公司總經理周國洪所說：「就讓別人去當老闆吧，我只要參與分紅就行了！能用別人的智慧和力量，來為自己輕鬆地賺錢，這才叫智慧。」

> ★ 不要把自己當成總經理，也不要把員工就當成員工。

2. 少「管」，多「理」

有人認為，「管人」就是施展手中的權力，透過一條三寸不爛之舌，讓別人「俯首稱臣」。事實上，「管人」可不那麼簡單，它是一門高深的學問。

不管是什麼樣的員工，從內心來說，都不喜歡被人管。知識經濟時代的管理也早已變成新思潮所謂的領導，而較少簡單嚴格的管理。因此，領導者的管理，就是要少管多理，這裡含有多理解、多關心、多整理、多調理等意思。

員工管理工作絕不等於單純的「管束」和「制約」，而應閃耀著人文的光芒。對此，我們提倡對員工多「理」一些，多一些柔性的充滿

情理的人文關懷；少「管」一些，少一些剛性的冷冰冰的機械管束。「管」要在「理」的基礎上進行，「理」是為了「管」，是更有效的「管」，二者相輔相成，相得益彰。多「理」一些，少「管」一些，就是要尊重員工的意願。

「理」是什麼？「理」就是整理，就是總結經驗，總結教訓，就是想辦法從根本上改變一件事情。「理」就是重新定規則，從規則的角度徹底消滅問題。「管」的著力點在於改變人，改變人的態度，改變人的能力，「理」的著力點在於改變事，改變流程，改變不合理的做法。

如果管理者只「管」不「理」，即使你的「管」的能力再好，以後各式各樣的矛盾依然會存在。

所以，優秀的領導者不會讓手下覺得他在管人。領導者和管理的最終目標是趨同的、一致的，基本職能也是互融的、相通的，但兩者仍然有著顯著的區別。

(1) 領導者強調未來，是播種者；管理者著眼點在目前，是花匠，懂得怎樣修剪樹枝，美化環境。

(2) 領導者是曹操，懂得用『望梅止渴』的遠見和激勵；管理者是孔明，擅長『草船借箭』的計劃與執行。

(3) 領導者猶如建築師，知道怎麼設計最有效能的房子（團隊）；管理者是外包工人，懂得怎樣把房子（團隊）造得最有效率。

(4) 「領導」是做正確的事，即 do the right things，管理是把事情做正確，即 do things right。

所謂「君忙國必亂，君閒國必治」，如果你發現自己的公司這裡

需要管理，那裡需要管理，不是說明你的管理本事大，工作忙，更不是高效率，而這恰恰說明你的公司沒有管理好，好的管理的極限是不再需要管理。從這個意義上說，最少的管理才是最好的管理。因為人人學會了自我管理，恪盡職守，那些所謂的管理制度、條條框框也就失去了存在的意義。

> ★ 「管」要在「理」的基礎上進行，「理」是為了「管」，是更有效的「管」，二者相輔相成，相得益彰。

3. 危機管理 —— 激發自動自覺

　　生於憂患，死於安樂，這是古人總結出來的真理。憂患意識不是消極意識，不是杞人憂天，更不是患得患失。它是在深刻領悟客觀事物複雜性、文明進步基礎上的一種理性自覺，一種防患於未然的積極的心理醞釀和理智謀劃。對於領導者來說，憂患意識能讓他們保持一種警覺狀態，居安思危，未雨綢繆，有備無患。一旦出現危險徵兆，領導者就能馬上啟動預警系統，運轉應急體系，以應對即將到來的危機。

　　眾所周知，日立製作所的「日立」牌電器產品享譽全球，在世界各地市場都占有很高的市場份額，為公司贏得了豐厚的利潤。一九九五年度決算，製作所的營業額為八百四十一億六千萬美元，利潤額為十四億七千萬美元，擁有資產九百一十六億兩千萬美元和員工三十三萬一千八百五十二人，是一九九六年全球百家最大公司的第十三位。位於東京的日立製作所能夠取得這樣驕人的成績，在很大程度上要歸功於公司的憂患意識。

日立面對自己的成功，從不沾沾自喜，固步自封，他們時刻想到的是市場上永無休止的殘酷的競爭，如果掉以輕心，很可能會被對手擊敗。因此他們堅持把巨額的資金放在不懈的創新上，日立員工相信，只有改進產品的品質，走在技術的尖端，千方百計去滿足消費者的需求，才能立於不敗之地。

在殘酷市場競爭面前，沒有一勞永逸的事，要時刻保持清醒和謹慎。據統計，在世界第一次出現石油危機的一九七三年以前，日立將營業額的 5% 投入科技研究開發新產品和改進產品。石油危機的一九七四年，公司的經營利潤雖然有所下降，但它們沒有減少科技研究的開發費用，反而增加到當年營業額的 5.4%。到一九七六年增至 6%；從一九八〇年代起，則升到 37%，與它的經營利潤額幾乎相同。

日立製作從不吝嗇在科技研究開發上面投入鉅額，因為他們知道居安思危的重要意義。他們認為：眼前的收益固然重要，但更重要的是培養五年、十年後的企業成長力量，使公司永遠保持很強的競爭力，不被激烈的市場競爭遺棄。正是這種強烈的憂患意識，使得日立的技術一直能夠領先，事業也蒸蒸日上。

危機管理如此重要，那麼，如何處理危機呢？以下三個方面需要管理者來掌握。

（1）找出危機的重點所在

一旦找到了處理危機的主要脈絡，做起來就可以集中力量，有的放矢。主要危機得到控制，其他問題也就自然迎刃而解了。

（2）行動果斷，控制危機

危機一旦爆發，就會迅速擴張。處理危機應該採取果斷措施：力

求在危機損害擴大前控制住。

(3) 竭盡全力，排除危機

企業採取危機處理措施時，往往不一定能在短期內奏效。面對這種局面，企業領導者是否沉著鎮定，能否努力不懈，顯得尤其重要，有時局勢的轉換就來之於恆久的堅持。

高瞻遠矚，處理與振興相結合。造成企業危機的原因錯綜複雜，其解決之道也各式各樣，一個成熟的企業家，往往能夠高瞻遠矚，透過黑暗看到光明，經由危機看到希望，把危機處理與企業的振興結合，這其中，能夠指出企業的方向和未來，就相當於使企業邁出了走向成功的第一步。

在工作中，有危機感是好事。毫無危機感的員工，必須為他們製造適當的危機感來激勵，讓他們感到自己的工作離不開這種危機感。事實確實如此，當員工戰勝他們面臨的挑戰時，他們就會更加自信，不僅對企業作出更大的貢獻，也是實現價值的唯一途徑。

企業要繁榮，員工要成長，努力獲得是每位員工應有的態度。這種環境中，員工和企業創造性爆發，靈活善變，努力獲得那些真正重要的結果，才會成功。

★ 企業領導者不但自己要有居安思危的意識，還要對企業內外變化的敏感度進行培養，能預先觀察到危機的資訊，並將危機資訊傳達給企業的成員，啟動企業變革動力以應對環境的變化。

---

4. 細節管理 —— 提升企業整體實力

歐洲有一個故事:一匹馬的馬蹄上由於少了一顆鐵釘而失去了一個馬蹄;這匹馬由於失去了一個馬蹄而在奔跑中摔倒;由於這匹馬的摔倒而使得騎在馬上的將軍被摔死;由於將軍的陣亡,這個兵團打了敗仗;由於這場敗仗而失去了一座城池;由於一座城池的失陷而滅亡了一個國家。這就是著名的蝴蝶效應。它揭示了這樣一個道理:一個不起眼的細節可能導致災難性的後果。在生活中諸如此類的事情時有發生,因此我們要深刻體悟蝴蝶效應,時刻注意防微杜漸。

而管理也離不開細節,對於一些企業的領導者來說,不管是大型企業還是中小企業,領導者所要面對的,無外乎人、事二字。儘管管人和管事是相互影響的,人中有事,事中有人,但管人和管事還是有所不同的。追根究柢一句話,無人就無事,管事還要先管人,管人是管理之根本。

「企」以「人」字當頭,只有管好人,才能管好企業。企業領導者要管好企業,必須學會管人。當今時代是知識經濟時代,企業之間的競爭,追根究柢是人才的競爭,而人才競爭的勝負,在很大程度上取決於領導者的細節管理。

管人之所以被稱為藝術,就因為這是一項極其複雜的而且極其費心勞神的工作。正如一個木匠不能簡單地用錘子解決所有問題一樣,沒有誰能讓一名領導者一夜之間精通各種管人之術,沒有誰能讓一名領導者一夜之間從平庸走向優秀。

海爾集團總裁張瑞敏說:「把每一件簡單的事做好就是不簡單,把每一件平凡的事做好就是不平凡。」美國西點軍校的格蘭特將軍也

說過：「枝微末節是最傷腦筋的。」是的，天下大事，必作於細。展示完善的自己很難，需要每一個細節都完美，但毀壞自己很容易，只要一個細節沒有注意到，就會給你帶來難以挽回的影響。

管人同樣如此。真正優秀的領導者，能夠在管人過程中不斷發現細節、注重細節並應用細節。

美國數百位創業家談了自己學習創業的親身經歷，以供他人借鑑。其重點彙集如下：

(1)　勇於採取「嘗試錯誤」的學習方法。摸索經驗或許並非最有效的方式，但自己所領悟的經營要訣，通常是最珍貴、最實在的。

(2)　到其他公司實習。如有機會到其他公司服務，應悉心觀摩其老闆的經營長處。

(3)　僱用精明能幹的員工。許多企業家認為，僱用精明能幹的員工，不但有助於業務的發展，而且自己也可以向他們學習。

(4)　時常與創業經驗豐富的人聚餐。只要他人具有你所缺乏的實際經驗，你不妨主動積極地邀約對方，多與這類「過來人」聊聊，學習他們的點子和心得體會。

(5)　利用視聽教材充實管理知識。如電視上播放有關企業管理的節目，應按時收看或設法錄製下來有空觀看，必定會有所幫助。

(6)　與政府有關部門人員交朋友。他們可能是極佳的學習來源，多與他們聯繫交往，可獲得一些新資料或新機會。

(7)　多閱讀書籍、雜誌、報刊，以及商業刊物等，這些均是較

好的資訊來源。

(8) 參加企業家協會，出席演講、研討會或聚會等活動，可使你透過非正式場合獲益甚多。

(9) 聽取家人的意見。或許你的太太（或先生）很有創意，或許你的父母親在行銷或法律方面頗具經驗，總之，聽取家人的意見，可獲益匪淺。

(10) 聘請顧問。不僅可以解決問題，也可以作為學習的資源。尤其當公司業務開始成長時，管理顧問可教你授權的藝術及管理員工的訣竅，同時可以輔導你進行公司的業務。

(11) 協助員工成長。為了讓員工與你一樣維持同樣的專業水準，應資助員工學習或進修管理課程或參加研討會。

(12) 模仿他人。如果你知道某人在甲城市創業成功，則設法在乙城市用同樣的方法創業。最好直接拜訪該人，邀請他傾囊相授。

(13) 購置個人電腦。市場上現成的許多軟體程式，可教你如何把業務做得更好。

(14) 傾聽員工意見。你之所以僱傭員工，是基於其長處和知識，所以，你應注意聆聽員工的心聲。

(15) 運用供應商的智慧。供應商通常不僅熟悉產業業務，而且能夠提供許多對你有益的特殊諮詢。

(16) 與員工共進午餐。與主要員工每天共進午餐，可交流各自創意互相學習等，做到一舉數得。

(17) 從潛移默化中學習。多與經驗豐富或才華橫溢的人相處，久而久之，你會發現大有收益。其訣竅是，時常出外走

動，與顧客、員工、專家等多聊聊。

（18）每週邀請專家前來演講，使員工具有最新的商業知識。

（19）注意傾聽顧客的抱怨。從顧客的抱怨中，足以發現你的缺失，以便及時改進。如果你的某些措施是正確的，則你應繼續保持並做得更好。

（20）學習管理課程。目前，管理顧問公司時常開辦專題演講，而許多大學也開辦管理進修班，應利用晚間或週末時間學習或進修。

（21）持續找尋問題。只要你提出問題，大多數人都會樂意解答你的疑問，你的疑問能吸引他人的注意力，進而獲得他們的鍾愛。

★　成功的祕訣不在於大的策略決策，而在於做好細緻工作的韌勁。也就是說人和企業的成功在於堅持不懈地做好細緻工作！

---

5. 溫情管理 —— 多一份體貼，多一份回報

許多公司對員工的管理，從根本上講是一種機械化的管理；它給員工的感受，就像是掛在辦公室的玻璃鏡片，冷冷冰冰。因此，更適合現代人的新型管理模式，應該包含「溫情」這一人性化的因素。

溫情化管理在實踐中應用極為廣泛，大到企業整體的人性化管理，小到一針一線的細微生活細節，其原則是讓員工備感關懷、舒適和親近。

情感不僅調節人的認知，調節人的行為，當人有了共同的心理

體驗和表達方式時，情感追求更為人共同的需要，人際之間的依戀性就會越來越強，團隊的理解力、凝聚力、向心力即成為不可抗拒的精神力量，維護團隊的責任感甚至是使命感也就成了每個成員的自覺行動。

人是有情之靈物，人人都難逃脫一個「情」字。作為企業的領袖，要實現自己的意圖，必須與屬下取得溝通，而人情味就是溝通的一道橋梁。它可以有助於上下雙方找到共同點，並在心理上強化這種共同認識，從而消除隔閡，縮小距離。那麼做為領導者該如何用真情去打動下屬的心呢？

(1) 要加強自身修養，情出自「真心」

情應該是發自內心的。不管你是和顏悅色的領導者還是臉色難看的領導者，如果你能夠從內心深處去尊敬每一個人，你就能夠擁有一種謙遜的胸懷，你就能夠發自內心地和藹待人，你自然就會看到員工的長處，認可他們為公司所做出的貢獻，相信他們的潛力，以一顆寬容慈愛之心對待他們。平常時刻，領導者臉色柔和，給人以春風沐浴般的溫暖，員工自然心領神會，春風愉快地工作，公司上下都和和氣氣，真可謂「和氣生財」。領導者尊敬下屬，注意說話的語氣，從不大聲地喊叫、呵斥，說話友善，平易近人，對他們的態度十分親近。下屬自然也就願意靠近你、接受你、信賴你，進而把你的事業當成自己的事業。你還要記住下屬的名字，不要忘了跟對方打招呼，當對方以善意的態度與你打招呼時，你一定要回應對方。儘管你很忙、很煩，要知道你的一聲招呼，會使你的下屬舒心愉快，盡心盡力地為公司工作一整天。如此保持下去，你們的關係會越來越近，你的工作也會非常順暢。這要歸功於領導者「真情」的效用。如果下屬看到笑容滿面

的領導者有一顆狡詐的心時，就會對虛偽的笑容十分反感、厭惡。

（2）要接納你的下屬，關照他、幫助他、稱讚他

如果你的下屬在你手下工作兩年了，你們很少接觸，你對他的事一無所知，你怎麼會用真情打動他呢？但是，如果你換一種方法，和他聊聊天，請他吃頓飯，多徵求他的意見，對一些好的建議及時稱讚，在工作上給予一定的幫助，經常找個理由聚一聚，即使他有一顆頑固封閉的心，也會向你打開。

（3）他困難的時候，伸手幫他一把

俗話說：患難見真情，當你的下屬在生活中遇到了煩惱、工作中碰到了難題，這個時候，如果你積極地表現出願意幫忙的態度，並且給予一定的幫助，那麼，他定會對你充滿感恩，並為你效力。

「感人心者，莫過於情」，情感激勵能夠充分展現領導者對下屬的重視、信任、關愛之情。

人們在做出某種決定時，事實上是依賴人的感情和五官的感覺來做判斷的，也就是說感情可以突破難關，更能誘導反對者變成贊成者，這是潛在心理術的突破點。

「生當隕首，死當結草」、「女為悅己者容，士為知己者死」，無一不是「感情效應」的結果。作為領導者應深知其中奧妙，不失時機地付出感情投資，對於拉攏部下往往能收到異乎尋常的效果。

6. 恩威並施 —— 駕馭下屬

一般人的本性，是喜歡獎賞，害怕懲罰。因此，領導者可以運用軟硬兩手駕馭下屬，使之按著自己的意圖行事。

軟硬兼施的方略，是中國古代傳統的馭臣之道。早在先秦時期，韓非即明確指出：「凡治天下，必因人情。人情有好惡，故賞罰可用。」

此後數千年，大凡有作為的政治家，不論是劉邦、曹操、李世民、朱元璋等，無不是深諳賞罰二術的好手。

因此，領導者要贏得下屬的心，一定要恩威並施。但領導者運用時，必須掌握兩者不同特點，適當運用。一般說來，正面強化立足於正向引導，使人自覺地去行動，優越性更多些，應該多用。而反面強化，由於是透過威脅恐嚇方式進行的，容易造成對立情緒，要慎用，將其作為一種補充方法。

所謂恩，則不外乎親切的話語及優渥的待遇，尤其是話語。要記得下屬的姓名，每天早上打招呼時，如果親切地呼喚出下屬的名字再加上一個微笑，這名下屬當天的工作效率一定會大大提高，他會感到，上司是記得我的，我得好好工作！

有許多身居高位的人物，會記得只見過一兩次面的下屬名字，在電梯上或門口遇見時，點頭微笑之餘，叫出下屬的名字，會令下屬受寵若驚。

對待下屬，還要關心他們的生活，聆聽他們的憂慮，他們的起居飲食都要考慮周全。

所謂威，就是必須有命令與責備。一定要令行禁止，不能始終客客氣氣，為了維護自己平和謙虛的印象，而不好意思直斥其非。必須拿出做為領導者的威嚴來，讓下屬知道你的判斷是正確的，必須嚴肅認真地執行。

領導者的威嚴還在於對下屬交代工作、任務。一方面要勇於放手

讓下屬去做，不要自己一肩扛起；一方面在交代任務時，要明確要求，什麼時間完成，達到什麼標準。交代了以後，還必須檢查下屬完成的情況。

對違反規章制度的人進行懲罰，必須照章辦事，該罰一定罰，該罰多少即罰多少，來不得半點仁慈和寬厚。這是建立領導者權威的必要手段，西方管理學家將這種懲罰原則稱之為「燙爐法則」，十分形象地道出了它的內涵。

「燙爐法則」認為，當下屬在工作中違反了規章制度，就像去碰觸一個燒紅的火爐，一定要讓他受到「燙」的處罰。這種處罰的特點在於：

(1) 即刻性：當你一碰到火爐時，立即就會被燙。

(2) 預先示警性：火爐是燒紅擺在那裡的，你知道碰觸則會被燙。

(3) 適用於任何人：火爐對人不分貴賤親疏，一律平等。

(4) 徹底貫徹性：火爐對人絕對「說到做到」，不是嚇唬人的。

總之，恩是正面強化，即對某種行為給予肯定，使之得到鞏固和保持。而威則屬於反面強化，即對某種行為給予否定，使之逐漸減退，這兩種方法，都是領導者駕馭下屬不可或缺的。

領導者必須軟硬兼施，實施起來堅決果斷。獎賞人是件好事，懲罰雖然會使人痛苦一時，但絕對必要。如果執行賞罰之時優柔寡斷，瞻前顧後，就會失去應有的效力。

> ★ 恩威並施，才能駕馭好下屬，使他們發揮出自己的才能。

7. 人性化管理 —— 以人為本

當今領導者管理企業的特點之一就是以人為本。對於企業來說，怎樣才能更充分運用每個員工的才華呢？那就應該實行以人為本的管理理念，應該讓員工成為企業的主人。誰都明白，大部分人「別人的事情上七分的心，自己的事情上十二分的心」。因此，把員工變為企業的主人，讓企業在員工的共同努力下健康地發展，這是用人最高的境界。

許多企業的老闆在用人的時候，總是把自己和員工對立，這種想法實際上是不對的。你有這種想法，員工必然會產生怨恨的心理，感覺自己在受公司的壓迫和剝削。這樣是不利於企業的健康發展的。

就像星月集團有限公司總經理胡濟榮說的那樣，人才是企業的財富，是當老闆的都知道的，關鍵在於做老闆的是否捨得把利益讓給員工一點。

他舉了個例子：為了進入防盜門業，他這個「外行」老闆，投入六千萬元人民幣，卻只占 38% 的股份；而經營班底中的幾位成員，只出資三百萬元人民幣，卻占股 62%。

胡濟榮說：「技術、管理，董事長、總經理，這一切都交給他們；但產品品質、效益必須第一，這就是我的用人之道。」在這種情況下，技術人員努力研製新的產品，管理人員盡力控制企業的成本，減少內耗，員工則盡心盡力地工作，效果自然會很明顯。

可見企業的管理者應該牢牢建立「以人為本」的觀念。以人為本，就是以企業的員工為本。

作為一個人，如果當你悲傷時，有人替你分憂；當你快樂時，有

人與你共用喜悅。那麼你會把他當作你的知己。

　　作為一個公司的管理者，如果能做到對員工悉心關照，想員工所想，急員工所急，就會有較大的功效。從人作為感情動物的特性來說，你關心我，我也會想著你，這就會形成員工與公司憂樂與共，共同進退。

　　韓國十大財閥之一、鞋業大王梁正模就成功地做到了與員工憂樂與共，致使大家願意與他盡力打拼。

　　梁正模開辦了自己的企業後，對員工也是關心備至。當他和工人接觸時，總是問他們在工作中和生活上有什麼具體困難。在獲悉困難後，他總是想辦法替他們解決。

　　他的工廠裡有一位技師朴明鎮技術高超，是梁正模多花了幾倍的薪水請過來的。樸明鎮的家鄉在北韓平壤，由於朝鮮半島的南北分裂狀況，他與家人被迫分離。對親人的思念，使他非常痛苦，面對這種狀況，又無能為力，只有每天以酒解憂。

　　梁正模知道這件事後，每天陪著他一起喝酒，到半夜才回家。這樣的以人之憂為己之憂，深深打動了這位技師，他晚上不再去喝酒了，而是把全部的身心都放在技術創新和技術改造上，使公司的產品在品質和數量上都大大提高，在競爭中處於有利的領先地位。

　　梁正模的成功，在很大程度上是他處理人與人之間的關係的成功。在韓國、日本、中國、東南亞等國家和地區，儒家文化的傳統使得人與人之間重視親情式的關係，這是一種良好的人員管理模式。與此相反，有些企業的一些老闆經理，他們總是「一切向錢看」，忽視了人這個企業的根本，發出了「忽視人的企業早晚要垮臺」的感嘆。現代企業管理工作的是管理人，是調動人的積極性和創造具體的工作任

務。身為公司的老闆、經理必須牢牢建立「以人為本」、「人才為本」的觀念。「以錢為本」只能是「人心散，事業完」。

> ★ 人是公司得以存在的支撐，人不是機器，人是有感情的。所以，企業的管理者應該時時想著為員工分憂解難。這樣，員工也一定會與企業憂患與共、共同進退。

---

8. 彈性管理 —— 放鬆比拉緊更容易控制

管理者與員工之間無疑是一種「管理」與「被管理」的關係。身為領導者，無不希望下屬對自己盡心盡力、盡職盡責、盡忠地努力工作。因為只有做到這一點，才能證明自己的管理是成功的，自己是一個成功的管理者。

可是，並不是每一位管理者都能實現這一目標，恰恰相反，成功的管理者往往只是少數人。古往今來，失敗的管理者都是居於多數，不勝枚舉。

在這裡，決定成功與失敗的關鍵因素，就是管理者採取什麼樣的管理方式，運用什麼樣的管理方法，這向來是管理學者們所討論的一大重點問題。

高明的領導者懂得：彈性最能予己以主動，對人對事彈性處之，轉圜餘地自然很大。

例如，對一個人既不要把他看作敵人，也不要把他看得太親密。親不可太近，疏不宜過遠，取其彈性中段較宜。對一件事，從理論上講，開始的時候就要想一定能成功，實踐的過程中可能遇到麻煩，但從不說死哪件事不可辦，叫做「不見老底不回頭」。這就是對人對事

彈性為本的策略。這個策略起碼留有餘地，保存實力，達到時時主動的功效。

布默爾公司總裁彼得・普諾爾說：「領導人物必須是與眾不同的，他能控制各種假定狀況並能對傳統持有懷疑態度。他具有追求真理的毅力，擬定決策必須基於真憑實據，不依據個人偏見行事。領導人物必須是體察入微的，對員工具有高度的敏銳力。他能充分了解職員的心理，並培養相互的信任。他必須能將企業目標明確地告訴大家。他應該常常鼓勵讚美員工，而不應總是批評指責，他不僅要讓員工敬畏，還需要得到員工們的敬愛。」

「彈性管理」是指領導者在辦具體事的時候，運用靈活的一種方法，可將所說的話，所做的事，盡量地保留餘地，即運用可進可退的手段。但這又區別於模稜兩可。如遇非明確答覆不可的事，但又不好答覆時，可以「考慮考慮」、「研究研究」（再作答覆）為盾牌，好為自己爭取迂迴的時間。

彈性管理政策的目的在於從原則上保證政策的連續性與穩定性。從精神實質上為領導者開闢一個大的轉圜餘地。像武俠小說中的迴旋鏢，擊中目標就擊中了，擊不中，鏢還回到自己手上，絕不至於陷入被動。

彈性管理的原則是，增強政策在文字語言方面的籠統性和原則性，減少它的具體性，以便隨時按照需要，改換它的內容。

為了加強管理，有的管理者採取強硬手段。即使當他們解僱某人時，他們也並不因為內疚而變得猶豫不決。他們一旦要採取堅決措施，就會變得冷酷無情。

默克在工作時經常會勃然大怒。身為領導者的他似乎有這樣的特

權，可下屬心裡並不痛快。默克向親近的人抱怨：我的工作壓力這麼大，什麼事都在那兒撐著，壓抑著自己，不讓我發洩一下，我的心理健康會受到損害，也許還會得病呢。

其實，默克只想到了問題的一個方面。許多管理者認為生氣時不把怨氣發洩出來，久而久之會造成心理壓抑，只有把心中的怒火釋放出來才有益於健康。刻意壓抑情感，甚至生氣時也強裝笑臉確實是有害健康的。實際上，許多專家也建議我們生氣時最好不要壓抑，而是把它宣洩出來。

但是，怎樣才是表達感情的最好方法呢？提高嗓門、大聲斥責，這樣你就占了上風嗎？答案是否定的。發脾氣、失去控制只能讓你得到一時的心理滿足。但事後很多人仍會像「暴發」之前那樣心煩意亂，有些人還會為自己如此失去控制平添一分擔憂。因為發洩怨氣會使自己的形象受損，朋友可能因此對你敬而遠之，下屬可能因此對你陽奉陰違，這一切是你想要的嗎？

一般來說，成功的管理者多以溫和而富有人情味的方法管理下屬，也就是說以詢問、鼓勵和說服等方法帶領他們前進。因為用獎勵或肯定的方法使某種行為得以鞏固和持續，比用否定或懲罰的辦法使某種行為得以減弱或消退更有效。大多數受過教育的人喜歡做別人請求他們做的事，而不願做別人命令他們做的事。而且從長遠觀點看，批評過多會損害他人的自尊心，使他們的工作效率下降，給個人的精神造成極大的傷害。

怒火只會讓你失去理智。想想看，一個總給別人帶來緊張和不愉快的人，是不是很容易被大家孤立呢？其實，你只要換個位置想想，當你有過錯時，你希望別人如何對待你呢？這麼一想也許你就會很快

地變得心平氣和。

你的地位越高，控制你的情緒就越重要。同事、上級、下屬和客戶每天都在考驗你。他們觀察、研究你的意向，往往把他們的意向同你的意向作比較。你的情緒，不僅可以影響你的工作，而且還可以影響他們的工作。人們常常仿效他們的頂頭上司，但不要天真地以為，他們的行為會同你的行為一模一樣。正如同他們研究你一樣，你也要檢驗、觀察和研究他們。如果他們的態度不好，失去控制，一定不要讓他們影響你。

領導者的管理能力往往表現在下達命令上，因為在任何一個機構和部門中，令行禁止是最起碼的工作紀律。作為領導者，如何給下屬下達命令，這要看他所命令的對象和當時的情形而定。該硬時有時可軟，該軟時有時也可硬，每一個管理者都應清楚這一點。

> ★ 對人的管理要運用靈活的手段，不可做出統一的標準，因為，千人千面。

9. 激勵管理 —— 最大程度地激發員工的潛力

管理者所有的成績都是要透過其管理對象的具體業績表現來展現的，因此，對下屬的有效激勵是管理者的必修課。某種意義上講，不管員工的表現是積極主動還是消極怠工，都跟管理者對他的激勵有直接關係。

所以，領導者應當善於激勵下屬，把下屬的心暖熱，想辦法給他們「甜頭」，讓他們形成熱火朝天的工作情境。這種能力，對於領導者來說，不是一件小兒科的事，而是影響調動下屬工作積極性的大

問題。優秀的激勵者最重要特徵之一，就是他相當熟諳「要激勵別人前先激勵自己」的道理，他懂得隨時鞭策、砥礪自己，控制自己的情緒，而為人表率。因此，你若不懂得如何激勵自己，你就很難成為一位成功的激勵者。建議你在學會如何激勵自己的工作團隊之前，一定先要完成「了解激勵自己的因素是什麼」這個練習題。因為它可以幫助你很快找到激勵他人的因素，讓你從中悟得激勵的意義，並獲得各種有效的激勵要領。

值得一提的是，人人都有不同的激勵因素，而且，它們也會隨著時空變遷而不斷改變，這點不得不加以注意。

請記住威廉·科漢（William Sebastian Cohen）的一句話：「管理人必須走在所有部屬的前面。」走在部屬的前面，是成功激勵者身上最常表現的基本行為。

是的，一位好的管理人非得以身作則不可。做好並做對每件事情，這樣才能身先士卒，引爆「激勵」部屬們的幹勁，率領他們更有效率地工作，進而受到部屬愛戴和崇拜。

永遠走在部屬的前頭，上行下效，自然就上下同心，氣氛俱起，大家一起實現目標，「激勵」就變得不是什麼困難的事了。

永遠記住：光是擁有管理人和管理人的頭銜、權力，並不能使你自動成為一位領袖人物。你必須相信「激勵」的魔力和魅力，學習更多、更有效的激勵才能，並加以實踐，才能成為一位真正的管理人。

領導者不僅要做好自我激勵，同時也要做好員工激勵。

讚揚下屬往往是一種調動下屬積極性的最好激勵方法。

讚揚是最好的激勵方式，但並不是每個管理者都懂得讚揚下屬。有些管理者雖然知道讚揚下屬的重要性，但卻沒有掌握讚揚的技巧，

有時甚至弄巧成拙。如果管理者能夠充分地運用讚揚來表達自己對下屬的關心和信任，就能有效地提高下屬的工作效率。

不僅如此，心理學研究表明，人的目的性行為的效率明顯高於非目的性的行為。換句話說，當人們意識到自己行為的目標時，便會表現出較高的工作熱情，從而大大提高行為的效率。美國著名管理學家杜拉克（Peter Ferdinand Drucker）在《管理實踐》一書中認為：「一個企業的目的和任務必須轉化為目標，各級管理人員只透過這些目標對下級進行領導，並以目標來衡量每個人貢獻的大小，才能保證一個企業總目標的實現。」杜拉克之所以宣導目標管理，是因為目標具有不可忽視的激勵作用。

有一則「趕驢比賽」的故事可以給我們啟示。

甲與乙參加趕驢比賽。比賽的規則非常簡單：不管用什麼手段，只要能在較短的時間內將驢子由一端趕到另一端，走完規定的路程就算贏家。甲站在驢子的背後用鞭子抽打驢子的臀部，因驢子怕打，打一下就跑幾步，當甲打累了，驢子也就不跑了。結果整整花了一個多小時才把驢子趕到終點。

乙則騎在驢子的背上，手中拿著一根竹竿，竹竿盡頭掛著一串葡萄，這串葡萄剛好垂在驢子眼前不遠，驢子因想吃葡萄，所以拚命往前追趕，結果只花半小時就將驢子趕到了終點。

從上面這個故事，我們可以了解到，作為一個企業管理者，如果你像甲那樣用高壓的手段來驅使員工，那麼，你所得到的也只能是踢一步走一步，往往最終的效率要比預想差很多，相反，如果你像乙那樣，以滿足員工的需要為手段，用物質給予他們激勵，那麼這樣往往更能激發他們的工作熱情，促使員工向目標前進。

　　玫琳凱化妝品公司（MaryKay）的創始人玫琳凱在回顧公司成功的經驗時說：「我認為，『稱讚』是激勵下屬的最佳方式，也是上下溝通方式中效果最好的，因為每個人都需要稱讚。只要你認真尋找，就會發現許多運用稱讚的機會就在你的面前。」

　　可見，一位好的管理人，每天都得不厭其煩地反覆做「激勵」這件事。如果我們不經常激勵部屬，關懷、照顧他們，縱然我們擁有極為頂尖的科技設備，一流的行銷策略、產品，充裕可觀的資金……也很難保證我們能在市場上揚名立萬，贏得讚不絕口的聲譽。唯有透過嫻熟系統化的激勵方案，一有機會就做「激勵」這件事，這樣才能讓夥伴們樂意追隨你，打一場漂漂亮亮的勝仗。

　　一位成功的管理人，毫無例外地也是一位最優秀的激勵者。

10. 距離管理 ── 距離產生威嚴

　　領導者與下屬要建立感情，就要縮短距離。但是，作為上下級，領導者與下屬又不能沒有一定的距離，否則，時間久了，有些下屬就會被同化成「領導者」。因此，作為上級，既要與下屬保持較為密切的關係，又要有一定的距離。

　　至聖先師孔子說過：「臨之以莊，則敬。」就是說，領導者不要和下屬走的過分親近，要與他們保持一定的距離，給下屬一副莊重的面孔，這樣可以獲得他們的尊敬。

　　領導者與下屬保持距離，具有許多獨到的駕馭功能：

　　第一，可以避免下屬之間的嫉妒和緊張。如果領導者與某些下屬過分親近，勢必在下屬之間引起嫉妒、緊張的情緒，從而人為地造成不安定的因素。

第二，與下屬保持一定距離，可以減少下屬對自己的恭維、奉承、送禮、行賄等行為。

第三，與下屬過分親近，可能使領導者對自己所喜歡的下屬的認識失之公正，干擾用人原則。

第四，與下屬保持一定的距離，可以建立並維護領導者的權威，因為「近則庸，疏則威」。

作為一名領導者，要善於掌握與下屬之間的遠近親疏，使自己的領導職務能得以充分發揮其應有的作用，這一點是非常重要的。

有些領導者想把所有的下屬團結成一家人，這個想法是很可笑的，事實上也是不可能的，如果你現在正在做這方面的努力，勸你還是趕快放棄。

退一步說，即使你的每一個下屬都與你八拜結交，親如同胞兄弟。但是，你有沒有想過，你既然是本部門、單位的領導者，那麼，你與下屬之間除去有親兄弟般的關係以外，還有一層上下級的關係。當部門、單位的利益與你的親如兄弟的下屬的利益發生衝突、矛盾時，你又該如何處理呢？

所以說，與下屬建立過於親近的關係，並不利於你的工作，反而會帶來許多不易解決的難題。

在你做出某項決定要經由下屬貫徹執行時，恰巧這個下屬與你平常交情甚厚，不分彼此。這位下屬在貫徹執行這個決定時會出現兩種情況。他如果是一個通情達理的人，為了支持你的工作，會放棄自己暫時的利益去執行你的決定，這自然是最好不過的。但是，如果他是一個不曉事理的人，就會立即找上門來，依靠他與你之間的關係，請求你收回決定，這無疑是給你出了一個大難題。

你如果要收回決定的話，必然會受到他人的非議，引起其他下屬的不滿，工作也無法進行。如果不收回決定，就會使你與這位下屬的關係出現惡化，他也許會說你是一個太不講情面的人，從而遠離你。

與下屬關係密切，往往會帶來許多麻煩，導致管理難以順利進行，影響領袖形象。所以，請你記住這句忠告：「城隍爺不跟小鬼稱兄弟。」

無數事實都可以證明：如果一個領導者過分地和下屬進行無原則的交往，那麼他必然會導致庸俗的交往氾濫，也就會形成親疏遠近，給管理方面帶來諸多矛盾和困難，這樣也在原則上喪失了領導者的形象。

上級和下屬的關係在工作時間裡萬萬不可顛倒，要始終保持著領導與被領導的關係，下級不可越權，否則會造成不好的後果。上級和下級之間無論相處得多麼親密，他們的位置卻是始終不能改變的：領導者在上，下屬在下。上下顛倒要不得，否則只會招致失敗。

領導者與下屬保持適度距離，活用威信藝術的高明，只是從另一個側面證明了他是一位合格領導者的事實。讓下屬明白這一點，既有利於自己決策的平穩進行，也在無形中建立領導者的個人威信，讓下屬真正對自己心服口服，以便更好地實施管理，提高工作效率，為自己的仕途鋪平道路，這是領導者前進路上最有效的，穩紮穩打的戰術之一。

所以，領導者與下屬必須保持適當的距離，只有距離適當，那麼領導者的威嚴才會有增無減，讓員工認為可親又可敬。

> ★ 要想成為一個成功的領導者，就需要始終和自己的下屬之
> 間保持一定的距離。但這段距離不可太長，太長了會和
> 下屬之間產生隔閡；也不能太短，太短了就會使下屬為
> 所欲為。

11. 經典管理定律

(1) 彼得原理

彼得原理（Peter Principle）是勞倫斯·彼得（Laurence Johnston Peter）透過對千百個有關組織中不能勝任的失敗實例，做分析而歸納出來的。其具體內容是「在一個等級制度中，每個員工趨向於上升到他所不能勝任的地位」。彼得指出，每一個員工由於在原有職位上工作成績表現好（勝任），就將被提升到更高一級職位；其後，如果繼續勝任則將進一步被提升，直至到達他所不能勝任的職位。由此匯出的彼得推論是，「每一個職位最終都將被一個不能勝任其工作的員工所占據。層級組織的工作任務多半是由尚未達到勝任階層的員工完成的。」每一個員工最終都將達到彼得高地，在該處他的提升商數（PQ）為零。至於如何加速提升到這個高地，有兩種方法：其一，是上面的「拉動」，即依靠裙帶關係和熟人等從上面拉；其二，是自我的「推動」，即自我訓練和進步等，而前者是被普遍採用的。

(2) 酒與污水定律

酒與污水定律是指把一匙酒倒進一桶污水，得到的是一桶污水；如果把一匙污水倒進一桶酒，得到的還是一桶污水。在任何組織裡，

幾乎都存在幾個頭痛的人物，他們存在的目的似乎就是為了把事情搞糟。最糟糕的是，他們像水果箱裡的爛蘋果，如果不及時處理，會迅速傳染，把果箱裡其他蘋果也弄爛。爛蘋果的可怕之處，在於它那驚人的破壞力。一個正直能幹的人進入一個混亂的部門可能會被吞沒，而一個無德無才者能很快將一個優良的部門變成一盤散沙。組織系統往往是脆弱的，是建立在相互理解、妥協和容忍的基礎上的，很容易被侵害、被毒化。破壞者能力非凡的另一個重要原因在於，破壞總比建設容易。一個能工巧匠花費時日精心製作的陶瓷器，一頭驢子一秒鐘就能毀壞掉。如果一個組織裡有這樣的一頭驢子，即使擁有再多的能工巧匠，也不會有多少像樣的工作成果。如果你的組織裡有這樣的一頭驢子，你應該馬上把它清除掉，如果你無力這樣做，就應該把它拴起來。

(3) 水桶定律

水桶定律又稱短處理論，其核心內容為：一隻水桶盛水的多少，並不取決於桶壁上最高的那塊木板，而恰恰取決於桶壁上最短的那塊。根據這一核心內容，「水桶理論」還有兩個推論：其一，只有桶壁上的所有木板都足夠高，水桶才能盛滿水；其二，只要這個水桶裡有一塊不夠高度，水桶裡的水就不可能是滿的。

水桶定律跟酒與污水定律不同，後者討論的是組織中的破壞力量，最短的木板卻是組織中有用的一個部分，只不過比其他部分差一些，你不能把它們當成爛蘋果扔掉。強弱只是相對而言的，無法消除，問題在於你容忍這種弱點到什麼程度，如果嚴重到成為阻礙工作的瓶頸，你就不能不有所動作。

(4) 馬太效應

《新約‧馬太福音》中有這樣一個故事：一個國王遠行前，交給三個僕人每人一錠銀子，吩咐道：「你們去做生意，等我回來時，再來見我。」國王回來時，第一個僕人說：「主人，你交給我的一錠銀子，我已賺了十錠。」於是，國王獎勵他十座城邑。第二個僕人報告：「主人，你給我的一錠銀子，我已賺了五錠。」於是，國王獎勵他五座城邑。第三個僕人報告說：「主人，你給我的一錠銀子，我一直包在手帕裡，怕丟失，一直沒有拿出來。」於是，國王命令將第三個僕人的一錠銀子賞給第一個僕人，說：「凡是少的，就連他所有的，也要奪過來。凡是多的，還要給他，叫他多多益善。」這就是馬太效應，反映當今社會中存在的一個普遍現象，即贏家通吃。對企業經營發展而言，馬太效應告訴我們，要想在某一個領域保持優勢，就必須在此領域迅速擴張。當你成為某個領域的領頭羊時，即便投資回報率相同，你也能更輕易地獲得比弱小的同行更大的收益。而若沒有實力迅速在某個領域擴張，就要不停地尋找新的發展領域，才能保證獲得較好的回報。

(5) 零和遊戲原理

當你看到兩位對弈者時，你就可以說他們正在玩「零和遊戲」。因為在大多數情況下，總會有一個贏，一個輸，如果我們把獲勝計算為得一分，而輸棋為負一分，那麼，這兩人得分之和就是：一加上負一，即是零。這就是「零和遊戲」：遊戲者有輸有贏，一方所贏正是另一方所輸，遊戲的總成績永遠是零。零和遊戲原理之所以廣受關注，主要是因為人們在社會的各方面都能發現與零和遊戲類似的情況，勝利者的光榮後面往往隱藏著失敗者的辛酸和苦澀。今天，零和遊戲觀

念正逐漸被雙贏觀念所取代。人們開始認識到，利己不一定要建立在損人的基礎上。透過有效合作，皆大歡喜的結局是可能出現的。但從零和遊戲走向雙贏，要求各方面要有真誠合作的精神和勇氣，在合作中不耍小聰明，不要總想占別人的小便宜，要遵守遊戲規則，否則雙贏的局面就不可能出現，最終吃虧的還是合作者自己。

（6）華盛頓合作規律

華盛頓合作規律說的是一個人敷衍了事，兩個人互相推諉，三個人則永無成事之日。多少有點類似於我們三個和尚的故事。人與人的合作，不是人力的簡單相加，而是複雜和微妙得多。在這種合作中，假定每個人的能力都為一，那麼，十個人的合作結果有時比十大得多，有時，甚至比一還要小。因為人不是靜止物，而更像方向各異的能量，相互推動時

，自然事半功倍，相互牴觸時，則一事無成。在我們傳統的管理理論中，對合作研究的並不多，最直觀的反映就是，目前的大多數管理制度和行為都是致力於減少人力的無謂消耗，而非利用組織提高人的效能。換言之，就是說管理的主要目的不是讓每個人做得更好，而是避免內耗過多。

（7）手錶定律

手錶定律，又稱為兩隻手錶定律、矛盾選擇定律。只有一支手錶，可以知道時間；擁有兩支或者兩支以上的手錶並不能告訴一個人更準確的時間，反而會製造混亂，會讓看表的人失去對準確時間的信心。這就是著名的手錶定律。手錶定律帶給我們一種非常直觀的啟發：對於任何一件事情，不能同時設置兩個不同的目標，否則將使人無所

適從；對於一個人不能同時選擇兩種不同的價值觀，否則他的行為將陷於混亂。一個人不能由兩個以上的人來指揮，否則將使這個人手足無措；對於一個企業，更是不能同時採用兩種不同的管理方法，否則將使這個企業無法發展。

（8）不值得定律

不值得定律最直觀的表述是：不值得做的事情，就不值得做好。這個定律再簡單不過了，但它的重要性卻時時被人們忽視遺忘。不值得定律反映人們的一種心理，一個人如果從事的是一份自認為不值得做的事情，往往會保持冷嘲熱諷、敷衍了事的態度，不僅成功率低，而且即使成功，也不覺得有多大的成就感。因此，對個人來說，應在多種可供選擇的奮鬥目標及價值觀中挑選一種，然後為之奮鬥。選擇你所愛的，愛你所選擇的，才可能激發我們的鬥志，也可以使我們做起來心安理得。而對一個企業或組織來說，則要很好地分析員工的性格特性，合理分配工作，同時要加強員工對企業目標的認同感，讓員工感覺到自己所做的工作是值得的，這樣才能激發員工的熱情。

（9）蘑菇管理定律

蘑菇管理指的是組織或個人對待新進者的一種管理心態。因為初學者常常被置於陰暗的角落、不受重視的部門，只是做一些打雜跑腿的工作，有時還會被潑到一身髒水，受到無端的批評、指責、代人受過，組織或個人任其自生自滅，初學者得不到必要的指導和提攜，這種情況與蘑菇的生長情景極為相似。相信很多人都有過這樣一段蘑菇的經歷，這不一定是什麼壞事，尤其是當一切剛剛開始的時候，當幾天蘑菇，能夠消除我們很多不切實際的幻想，讓我們更加接近

現實，看問題也更加實際。一個組織，一般對新進的人員都是一視同仁，從起薪到工作都不會有大的差別。無論你是多麼優秀的人才，在剛開始的時候，都只能從最簡單的事情做起，磨菇的經歷，對於成長中的年輕人來說，就像蠶繭，是羽化前必須經歷的一步。所以，如何高效率地走過生命的這一段，從中盡可能汲取經驗，變得成熟，並建立良好的值得信賴的個人形象，是每個剛進入社會的年輕人必須面對的課題。

（10）奧坎剃刀定律

西元 14 世紀，英國奧坎的威廉對當時無休止的關於「共相」「本質」之類的爭吵感到厭倦，於是著書立說，宣傳唯名論，只承認確實存在的東西，認為那些空洞無物的普遍性要領都是無用的累贅，應當被無情地「剃除」。他所主張的「思維經濟原則」，概括來說就是「若無必要，勿增實體。」因為他是英國奧坎人，人們就把這句話稱為「奧坎剃刀（Ockham's Razor）」。這把剃刀出鞘後，剃禿了幾百年間爭論不休的經院哲學和基督教神學，使科學、哲學從神學中分離出來，引發了歐洲的文藝復興和宗教改革。這把刀經過數百年的磨礪越來越鋒利，並早已超越了原來狹窄的領域而具有廣泛的、豐富的、深刻的意義。

用簡單的話來說明奧坎剃刀定律就是，保持事情的簡單性，抓住根本，解決實質。我們不需要人為地把事情複雜化，這樣我們才能更快、更有效率地將事情處理好。而且多出來的東西未必是有益的，相反更容易使我們為自己製造的麻煩而煩惱。奧坎剃刀定律的另外一種闡釋就是：當你有兩個處於競爭地位的理論能得出同樣的結論，那麼簡單的那個更好。

> ★ 領導與管理是領導學、管理學中最基本的概念。「領導」
> 與「管理」既有密切的聯繫，又有本質的區別。

第六章

團隊統御，協同作戰

1. 沒有平庸的團隊，只有平庸的領袖

　　現代社會是一個群居社會，大多數人都生活在一個「大家庭」，無論是辦公室、醫院、球隊或是攝影棚，以及表面上看似獨自工作的從業人員，都可能置身於團隊之內。團隊的興衰成敗取決於每個成員的表現，而成員在團隊中不同的職責及成員的分工合作則要看管理者的表現了。

　　要想使團隊成為一個戰無不勝的堅強團體，就要進行高效率的分工，同時還要明確分工的目的及宗旨：每個成員都要清楚自己所肩負的任務，以保證大局利益。使員工建立起我為人人，人人為我的思想。

　　況且，我們建立團隊的目的，是為了獲取巨大的力量，那麼團隊在什麼樣的情況下才能發揮出巨大的力量呢？只有一種狀況下團隊才能發揮最大的力量，那就是團隊的每一個成員都把自己的力氣使足了的時候。可是力氣使足與否很難衡量，只有團隊成員願意使足力氣他才能把全身的能量釋放出來，如果他不願意，你用強制的手段也不能使他使出渾身解數。而制度恰恰又是一種強制性很強的東西，因此，合理的制度或許還能使團隊成員發揮出七八分的力。如果制度稍有不合理之處，恐怕連七八分的力量也很難使出來。

　　那麼，到底靠什麼東西才能調動團隊成員的積極性，使團隊成員能夠把自己的全部力量都使出來呢？說到底還得靠團隊領導者的領導能力，憑團隊領導者的領導藝術。那麼，作為團隊領導者應具備哪些能力呢？具體來講，一個出色的團隊領導者必須具有以下的能力：

(1) 一呼百應的感召力

所謂一呼百應的感召力就是指團隊領導者的號令如同軍令一樣，一旦下達，則團隊成員都會發自內心地積極回應，在執行指令時會不計個人得失，以大局為重，不折不扣地執行指令。

(2) 強大的凝聚力

凝聚力就是團隊領導者在任何時候都是整個團隊的核心，整個團隊的運轉都始終圍繞著團隊領導者進行，團隊領導者始終都是團隊的權威，任何人任何其他組織機構都不能對團隊領導者的地位構成威脅。

(3) 磁石一樣的親和力

團隊領導者就如同一塊有巨大吸引力的磁石，它能把團隊成員緊緊地團結在一起。團隊成員在他的人格魅力的吸引下能夠主動地接近領導者，並且能夠把自己的心完全交給領導者，把為領導者服務、把領導者指揮當成是一件很快樂的事情，並且會主動了解領導者的想法，積極地去實施領導者的計畫。

(4) 潛移默化的影響力

出色的領導者往往並不以說教或者制度去管理約束團隊成員，他會以他的個人魅力去打動每一個團隊成員，使團隊成員從他的身上去感受、體會，從而把自己的命運緊緊地和團隊的命運聯繫在一起，使團隊成為一個具有戰鬥力的團體。

(5) 以身作則的帶動力

身教勝於言語，榜樣的力量是無窮的。團隊領導者的一舉一動都

會成為團隊成員效仿的對象。因此，團隊領導者要求成員做到的，自己就必須首先做到，處處為團隊成員帶頭。

總之，只有團隊領導者具備了這些能力之後，他才能在團隊中建立起自己的威信和地位，而用威信去「征服」人這就是最高超的領導藝術。只有做到了這些，團隊領導者的形象才能變得高大，團隊領導者的風采才能展示出來，團隊領導者的地位才能鞏固，團隊也才能在一種和諧健康的關係中穩固地發展壯大。

現代企業的領導者要知道建立高效團隊的有效法則。每個人都有自己的特長和不足，有特長也好，沒有特長也好，只要利用得當，不足之處可變為特長，而且效率會更高。所以，用人時，領導者要善於取此讓合適的人做合適的事，讓他們互為補充，揚長避短，最終精誠合作，發揮每個人最大的潛能。

> ★ 「紅花雖好，也要綠葉扶」。一個人的本事再大，也是十分有限的。要想成就一番事業，還必須獲得大家的支持和幫助。

2. 弘揚團隊精神

秋天，當一群大雁排成「人」字陣或「一」字陣飛過藍天白雲時，掠過頭頂，不知你是否想到這樣一個問題：大雁為什麼要整齊地列陣遠翔呢？莫非，牠們要向我們人類展示自己的飛行藝術？

大雁並非要向我們表演牠們的飛行技巧，牠們之所以採用「人」字陣或斜「一」字型的形式飛行，是因為這是最省力的群體飛翔形式。當雁群以上述形式飛行時，後一隻大雁的一翼，能夠借助於前一隻大

雁的鼓翼飛行時所產生的空氣動力，使自己的飛行省力。當飛行一段時間、一段距離後，大雁們左右交換位置，是為了使另一側羽翼也能借助空氣動力以減緩疲勞。

由於大雁既具有驚人的個體飛翔能力，又富有令人嘆服的團隊精神，因而，牠們的兩翼似乎有了靈性，使牠們能夠以輕鬆自如的風姿成為長空的主人。

由此，想到我們人類的團隊精神。

你可能已經注意到，大凡胸懷大志並取得成功的人大多善於從自己的同伴那裡汲取智慧和力量，從同行者那裡獲得無窮的前進動力。

《三國演義》一書中，有很多互相聯合、互相攻伐的事例。

例如，各路諸侯共伐董卓的聯合行動，本應齊心協力以求成功。但是，「眾諸侯內有濟北相鮑信，想著孫堅既為前部，怕他奪了頭功，暗撥其弟鮑忠」搶先抄小路去挑戰，結果是白白送死。

這種徒然損耗聯合力量的行為，是極不符合集團利益的。

企業經營，亦須切戒此種歪風。一切聯合行動或合作關係，哪怕同中有異或者還有某些保留，在合作過程中，便必須求同存異，協同一致，而不能同床異夢、貌合神離，互相猜疑、互相拆臺，致對聯合行動或合作關係發生不利的影響，甚至損害。

這種互相傾軋、不利於團結的作風，每處皆有。有這些「鬥爭之士」，企業又怎能興起呢？

所以，團結就是力量，這力量是鐵，這力量是鋼，比鐵還硬，比鋼還強，團結，一切困難都可以迎刃而解；團結，任何敵人都可以戰勝。一個集體如果不團結就是一盤散沙。一個企業如果不團結，就會倒閉。互相補臺，好戲連臺；互相拆臺，都會垮臺。

　　團結是團隊必備的重要特質，團結的力量是團隊精神的魅力所在。團隊精神是任何一個組織都是不可缺少的精髓，每一個成功企業家的背後勢必會有一支精銳的團隊支撐著他不斷向前。微軟公司因擁有高度的團隊精神而著稱於世。比爾蓋茲曾經說：「小成功靠個人，大成功靠團隊。」在微軟公司研發作業系統的過程中，有超過三千名開發工程師和測試人員一起參與，代碼字數高達五千萬行。如果沒有高度統一的團隊精神，沒有全部參與者的默契與分工，如此艱鉅的任務又怎麼會順利完成呢？

> ★　一支竹篙，難渡汪洋海，眾人划槳，開動大帆船；一棵小
> 　　樹，弱不禁風雨，百里森林，並肩耐歲寒；一加十，十加
> 　　百，百加千千萬；你加我，我加你，大家心相連……

3. 打造良好的團隊形象

　　一個企業或創業團隊的發展壯大，打造自己的形象非常重要。任何公司要想獲得大的發展都必須重視自己的形象。因為公司或團隊的形象就如同一個人的「面子」一樣，它是經過多方面的努力才逐漸形成的，它是公司或團隊獨特風格的象徵，一旦形象形成，就成了公司或團隊的標誌，而且還會深入人心，輕易不會改變，而人們對你的認識也就會相對定格。而人的慣性思維以及守舊等思維特性又決定著當人對某些事物有了成見之後就不會輕易改變。因此，一個公司或一個團隊的形象一旦確立，大眾就會在任何時候都用「老」眼光去看待它。因此，企業公司或團隊的形象就是企業公司或團隊的生命，它對自身的成敗發展有著不容忽視的決定作用。

　　從這個意義上來說，人們認為當今的天下就是一個名牌稱霸的天下，這種觀點不無道理。比如人們在買商品的時候就常常選擇那些名牌商品。人們之所以願意花更多的錢去買名牌產品，就是因為名牌產品的大眾形象好，知名度高，信譽好。人們買商品時不僅僅是購買商品，還包括商品本身不具有的其他價值，比如服務等等。那些知名公司生產出來的產品無疑要比不知名的公司生產出來的產品要強好多倍。

　　團隊的形象既然如此重要，那麼一個團隊如何才能打造出自己的品牌形象，使自己能夠在競爭日益激烈的社會中占有一席之地呢？

　　從 CI 理論的角度以及結合眾多的團隊或公司在塑造形象方面的成功經驗來看。一個團隊的形象在一般意義上包括三個基本元素，即團隊的視覺特徵、行為特徵和理念特徵。視覺特徵就是指一個團隊的標誌，比如一個公司的公司標誌和產品標誌等。行為特徵則是指一個團隊的運行行為、管理效率以及其成員的行為規範。比如一個公司的經營行為、公司管理的效率以及公司員工應遵守和實際表現出來的行為規範。理念特徵則是指團隊的運作理念，其中包括團隊的宗旨、目標、發展策略等。比如一個公司的經營理念，創辦公司的宗旨，公司的目標追求，公司的發展策略等等。從以上的介紹可以看出，團隊的形象不僅包括外部形象，還包涵著一個團隊的內在品質，它是一種全方位的要求。而一個團隊正是透過自己的外部和內部所形成的特點給社會大眾留下一種具有自身獨特風格的感覺印象，從而使社會大眾能夠把自己與其他團隊區分開來，並在這種以風格特徵為切入點進行分析的過程中，將自己與其他團隊進行全方位的比較，然後在比較中決定自己是否認同和接受這一團隊。

透過以上的討論分析，我們可以看出，一個團隊的形象打造應遵循以下的原則：

(1) 團隊的形象打造需要扎扎實實

所謂扎扎實實就是不能只做表面文章，表面文章絕對不能做，如果那樣做的話，最終將毀掉一個團隊。因而形象塑造是一個由外及內的工作，表面現象或許能糊弄一時，但最終它的本質還是會暴露，當本質與外表不相符的時候，就是團隊命運急轉直下的時候。有些公司一味地靠媒體做一些不著邊際的廣告宣傳，而不在自己的產品品質和售後服務上下功夫，給消費者的承諾根本不能兌現，當遇到與消費者有糾紛時，就會以「解釋權在本公司」等話來搪塞消費者，這樣的公司最終必然要遭到消費者的拋棄。因此，形象塑造除了在外部形象上下功夫外，更為重要的是還要「練內功」，只有內功強，自己才能真正地強壯起來。

(2) 團隊形象的打造需要持之以恆

形象的塑造並不是一勞永逸的事情，那種認為透過一兩次活動或者一兩次宣傳就可將團隊的形象建立起來就萬事大吉的想法，是一種十分幼稚的想法。有些公司在公司創立之初，為了建立形象，往往不惜代價地打廣告戰，不計成本地給消費者優惠。這樣做的結果固然會在一段時間內得到消費者的認同，但時間長了，廣告宣傳慢慢變少，再加上公司也要追求利潤，所以給消費者的優惠也越來越少，最後任何優惠都沒有了。消費者也是有腦袋的，消費者並不是那種死守著一個品牌不放的人。所以，這樣塑造形象的做法也只能是賠了夫人又折兵。因此，在形象塑造問題上一定要堅持長期不懈地塑造形象，把形

象的塑造當作一項長期的工作去重視。團隊的路能走多遠多長，關鍵就在於形象塑造的工作能重視多遠多長，兩者之間是一種正比關係。

(3) 團隊形象的打造不能求急求快

有句俗語叫「十年樹木，百年樹人」。也就是說一個人形象的塑造需要一個漫長的過程，只有當一個人經過了各式各樣的磨難和修練之後，才有可能在社會上真正的「立」起來。對於一個團隊來說，要成功地塑造出自己團隊的形象也不是一朝一夕就能辦到的，形象的塑造需要經過漫長的歷程。一般來講，一個公司在創辦之初，其規模和經濟實力都相對薄弱。所以做什麼事都應量力而行，而有些公司卻無視自身的條件，在公司創立之初就想一下子使自己的公司與國內甚至世界上的大公司爭雄天下，要在很短的時間內把自己的公司打造成名牌公司。為了達到這種目的，自然就得在廣告宣傳等方面投入巨額的資金，甚至使出了殺雞取卵這樣的招數，一時間或許一個不知名的小公司具有了一定的知名度，但試想一下，雞都沒有了還拿什麼來生蛋呢？所以，這樣做的結果很有可能是名氣有了，但公司卻垮了。因此，塑形象創品牌並不能求急求快，一定要量力而行，選擇和掌握時機。在平時一點一滴地去做，在條件成熟，自身具有很強實力的時候，掌握時機，打一場「殲滅戰」，這樣做一定會取得事半功倍的效果。

(4) 團隊形象的打造一定要程序嚴格，統一動作

一般創業團隊都有它的分支機構和職能部門，但必須明確的是團隊的分支機構和職能部門再多，它們也是屬於同一個團隊。因此，在形象的打造上，必須建立起團隊形象只有一個的理念。團隊的上上下

下所有成員都應該為這「唯一」的形象的打造而努力，要嚴格地按照團隊的宗旨、理念、目標來運作自己的工作，規範自己的行為。這樣才能保證團隊形象的權威性、統一性。

只要遵循這些原則，相信就一定能打造出靚麗的團隊形象。從而使你的創業團隊深入人心，在社會大眾的心目中占據一席之地。

> ★　任何的團隊如果沒有良好的形象，就難以有所作為，很可能在當今激烈的競爭中遭遇淘汰的厄運。

4. 團隊建設四步走

不論你是單一團隊的領導者，還是多個團隊的管理人，團隊管理工作都是你職權範圍內的一個重要組成部分。在今日，集多重技術於一身的工作方法已逐漸取代階層式的、缺乏彈性的傳統工作體制，團隊合作因而很快就成為了一種很受歡迎的工作方式。那麼，如何做好團隊建設呢？

（1）了解團隊運作

團隊合作是所有成功管理的根基。無論你是新手還是資深管理人，對你而言，管理好團隊都是重要且具激勵性的挑戰。切記：

每位成員都能為團隊做出一些貢獻；

謹慎地設定團隊目標，且認真嚴肅地對待他們；

成員間要彼此扶持；

將長程目標打散成許多短程計畫；

為每個計畫設定明確的期限；

儘早決定何種形態的團隊適合你的目標；

努力與其他團隊的成員建立強而有力的緊密聯繫；

找一位可提升團隊工作士氣的重量級人物；

時時提醒團隊成員：他們都是團隊的一分子；

將團隊的注意力集中在固定可衡量的目標關係；

利用友誼的強大力量強化團隊；

選擇領導者時要掌握用人唯才原則；

領導者需具備強烈的團隊使命感；

獎賞優異的表現，但絕不姑息錯誤；

記住每位團隊成員看事情的角度都不一樣；

徵召團隊成員時，應注重他們的成長潛能；

密切注意團隊成員缺少的相關經驗；

應使不勝任的成員退出團隊；

找到能將人際關係處理得很好的人，並培養他們。

(2) 成立一支團隊

成立一支團隊是領導者的主要工作，確保你的團隊有清楚明確的目的和足夠達成目標的資源。

要以開放和公正無私的態度對待團隊成員；

設定具有挑戰性的目標須根據限期來考量是否合理；

設定目標時，考量個別成員的工作目標；

企劃的失敗危及整體計畫的成功；

堅持得到資訊技術支援，它能為你提供確實需要的東西；

對待團隊外的顧問要如同對待團隊成員一般；

讓團隊的贊助者隨時知道工作進展情形；

除非你確定沒有人能夠勝任，否則應避免「事必躬親」；

不要委託不必要的工作，最好將其去除掉；

賦予團隊自己作決策的權力；

鼓勵團隊成員正面積極的貢獻；

肯定、宣揚和慶祝團隊每次的成功；

找到易於讓成員及團隊了解每日工作進度的展現方式；

鼓勵成員之間建立工作上的夥伴關係；

鼓勵天生具有領導才能的人，並引導和培養他們的領導技巧；

絕對不能沒有解釋就駁回團隊的意見，與此相反，解釋要有充分的理由；

確定團隊和客戶經常保持聯繫；

以自信肯定的態度讓團隊知道誰當家，但要預防給人來勢洶洶的感覺；

想辦法給新團隊留下一個即時的好印象，但切忌操之過急；

倘若你要求別人的建議，抱持的心態不能只是歡迎就行了，也要依循建議有所行動。

(3) 提升團隊效率

團隊要達到應有的效率，唯一的條件是每個成員都要學會集中力量。你必須了解團隊的能力，以確保團隊的成功。

協助團隊找出方法以改變有礙任務推展的團體行為；

找出可建設性地利用衝突的方法；

記住要在工作中穿插安排娛樂調劑身心 —— 這是每個人應得的福利；

若有計畫出錯，一定要作全面性、公開化的分析；

如果你希望團隊成員有問題時能毫不猶疑地找你談，就要實施「開門政策」；

要求提出問題的人解決問題；

安排正式的和非正式的會面，討論團隊的工作進展；

使用不帶感情只問事實的態度，是化解紛爭的最好方法；

保持團隊成員間的熟稔，以易於溝通；

設立交誼場所，讓團隊成員可作非正式的碰面交談；

鼓勵同事間自由的溝通活動；

建立最適合的通訊科技系統，並經常更新；

實施會議主席輪流制，讓每個人都有機會主持會議；

盡可能多地授權給團隊成員；

事先於會前發出議程，預留時間給參會者準備；

培養所有對團隊有益的關係；

努力保持團隊內外關係的均衡與平穩；

確定所有相關人士都能聽到、了解好消息；

倘有麻煩在團隊關係中發酵醞釀，要盡快處理；

安排團隊與機構的其他部門作社交聯誼；

找出你與「大人物」保持聯繫的最佳通訊科技；

要對你在團隊或辦公室外接觸過的重要人士作聯繫記錄；

謹慎分派角色以避免任務重複；

找尋建議中的精華，且絕不在公開場合批評任何建議；

一定要找有經驗的人解決問題；

分析團隊成員每個人所扮演的角色；

腦力激發出的意見，就算不採用，亦不得輕視。否則，會打擊人

的積極性，創意的流動也會因此停止；

公平對待每個成員才能避免怨恨；

確定團隊成員真正有錯之前，都須視他們沒有錯；

告訴同事他們做得很好，這有助於激勵團隊士氣；

尊重每一位成員，包括那些給你製造麻煩的人；

避免和團隊成員有直接的衝突；

記住採用對事不對人的處事態度；

確定整個團隊都能夠從解決問題中學習經驗；

先選擇完成一些規模大的、可快速達成及有成就感的任務，以激勵成員再接再厲；

確信團隊成員皆了解團隊中的其他角色；

計算品質的成本之前，先計算失敗的成本；

針對每筆預算及每項團隊行動計畫，設定重要的改進目標。

（4）為未來努力

為團隊設定新的、更高的挑戰目標是團隊工作中最令人興奮的事情之一。

可運用一些適當的技巧，推動團隊向更大、更好的目標前進；

告知團隊每位成員，在設定的標準中有哪些評估的專案；

確定所有改善措施及新訂目標都持續進行著；

召開檢討會議前傳閱所有相關資料及資料；

開檢討會時一定要避諱人身攻擊；

記住關係會隨時間改變；

避開低估或忽視壞消息的陷阱；

每天結束時自問團隊今天是否又向前跨出了一步；

傾聽受訓者關於訓練課程的回饋意見；

找到有最好設備的最佳訓練場所；

聘請顧問設立公司內部的訓練課程；

利用移地訓練時的用餐時間作非正式的計畫；

每位團隊成員都必須參與設定目標的工作，以促進團隊合作及達成共識；

允許團隊自行決定達成目標的方法，可激勵團隊努力工作；

確定目標能激發團隊的鬥志，如果不行，請改變目標；

一支沒有「嚴峻」目標的團隊，工作表現將不如接受過此類考驗的團隊；

設定獎勵標準時，允許團隊成員有發言權；

避免使用名次表，因為落後的團隊成員將會感到自尊心受創；

指定某人監控市場上每一個相關變化；

隨時準備做改變，甚至計畫的根本要素亦包含在改變的範圍內；

記住有某些人很害怕變革；

尋找能推動改革的團隊成員；

每隔一段時間作一次生涯發展的評估；

記住：鼓勵團隊成員即是在幫助團隊；

與團隊同事就生涯規劃達成一致意見，並給他們提供必要的協助；

團隊解散後仍舊要與團隊成員保持聯繫，因為你可能還會與他們再次合作。

> ★ 不講團結，麻袋裡裝菱角，大家都急著頂出自己的尖角，永遠只有窩裡鬥。不僅麻袋裡裝菱角是窩裡鬥，即使是麻袋裝馬鈴薯、裝石頭，都也只是貌合神離，將來必定各奔前程。只有砂、石、水泥、水的結合，才有凝聚力，才可建築高樓大廈。

5. 團隊人員融合

有一個故事：

一天，天鵝、狗、魚，一起要把一個食物拖到一個安全的地方，解決各自的飢餓問題。於是牠們三個拚命用力拉，可是，無論牠們怎麼努力，食物還是在原來的地方不動。

食物也並不是很重，為什麼三個一起努力仍然無法將其挪動呢？牠們探討原因，才發現原來在拖動的過程中，天鵝拚命向雲裡衝，狗是向後倒拖，魚直向水裡拉動。

從這兩個小故事中，我們可以看到「和」對於一個人，一個團隊乃至當今社會來說都是十分重要的。

古語云：天時不如地利，地利不如人和。在天時、地利、人和這三個成功要素中，人和是第一位的，而天時和地利都要透過「人和」才能發揮作用。

領導者主要不是靠自己做事情，而是團結大家一起做事情，是推動別人做事情，是將自己的想法透過他人去實現。個人的力量再大，也不能單槍匹馬殺出天下，只有團結才會讓人生之路更平坦。「得人心者得天下」，有了眾人的幫助，你就擁有了巨大的力量，同時也獲得

了戰無不勝、攻無不克的法寶。

團結，無處不在。一個國家的強盛，需要人民的團結；一場戰役的勝利，需要戰士的團結；一場比賽的勝出，需要隊員的團結。一個團隊要獲得成功，需要每個隊員有一個共同的目標、共同的願望，還要有一顆共同的心……。

七個簡單的音符，譜寫出生命的樂章；橫豎撇捺幾個基本的筆劃，流傳出華夏大地五千年的文明。一滴水是渺小的，然而大海是偉大的；一個人是渺小的，然而團結是偉大的。

所以說，這不是一個單打獨鬥的年代，而是一個團隊制勝的年代；這不是一個只要菁英不要團隊的時代，而是一個需要菁英，更需要團隊的時代。沒有誰能獨自成功，唯有依靠團隊取勝。先來看一則小故事：

八個男子是兄弟，他們從小就打打鬧鬧，一點也不團結。他們的父親十分著急，就拿出八枝筷子，吩咐八個兒子每人折斷一枝，兒子們不費一點力氣就折斷了筷子。見狀，父親又拿出八枝筷子，把它們捆在一起，然後讓兒子們折。這次，無論兒子們花多大的力氣，筷子都不斷了。

這個故事說明了團結就是力量。常言道：眾人一條心，黃土變成金。在這個世界上，只有團結一心，才能獲得成功。

有人說：「團隊和個人的關係就是水和魚的關係。」我們每個人都是魚，而我們的團隊就是水，魚是離不開水的。小到個人、班級，大到企業、社會，都需要團結互助和團隊精神。

孫權說：「能合眾力，則無敵於天下。」

松下集團總裁松下幸之助曾說道：「不論是多麼賢明的人。畢竟

只是一個人的智慧，無論是多麼熱心的人，也僅能使出一個人的力量。因此，人與人之間要相互寄託，為更大的效力而結成組織團體，同心努力，集合智慧，團結力量。」

團結是人與人之間的相互信任，相互負責。讓兩個甚至更多的人，一起為同一個目標奮鬥，打拼。你要時刻記住，重要的不是我，而是我們！

這不是一個單打獨鬥的年代，而是一個團隊制勝的年代；這不是一個只要菁英不要團隊的時代，而是一個需要菁英更需要團隊的時代。

6. 構建和諧的團隊文化

有個和世界盃有關的一段對話：

乙說：「合作、默契。」

丙說：「訓練有素。」

甲說：「對。但有一點最重要，你們聽著，優異球隊與普通球隊的差別就在能否相親相愛，和諧相處。」

乙說：「好！」

甲說：「球隊比賽前，要集訓。在這時候，球員與球員之間，教練與球員之間，領隊與球員之間，必須坦誠相處，互相研究學習，落到綠茵場上，那才充分發揮效能。」

丙說：「對。」

甲議論滔滔：「在企業經營中亦如此。支援與管理階層，老闆與員工之間，如果能有球隊精神，公司必能興旺發達。」

乙丙異口同聲說：「對。」

　　而這段話與孔子所提倡的「和」思想有異曲同工之妙。孔子也把「和」看成處理國家關係、種族關係及人際關係的一個準則，他十分重視社會的整體和諧。「丘也聞有國有家者，不患寡而患不均，不患貧而患不安。蓋均無貧，和無寡，安無傾。」（《論語・季氏》）講的就是這個道理。《禮記》中的「和也者，天下之達道也」，一言以蔽之，道出了和的極致。

　　孟子提出「人和」，他說：「天時不如地利，地利不如人和。三里之城，七里之郭，環而攻之而不勝。夫環而攻之，必有得天時者矣；然而不勝者，是天時不如地利也。城非不高也，池非不深也，兵革非不堅利也，米粟非不多也；委而去之，是地利不如人和也。故曰：域民不以封疆之界，固國不以山谿之險，威天下不以兵革之利。得道者多助，失道者寡助。寡助之至，親戚畔之；多助之至，天下順之。」（《孟子・公孫丑》）這裡所謂人和是指人民的團結，人民的團結是勝利的決定性條件。孟子將「人和」的地位置於「天時」、「地利」之上，成為宇宙「三才」（即天、時、人）中最為寶貴的東西。荀子則以人能「合群」為本，引發出「和則一，一則多力，多力則強，強則勝物」的道理。他說：「人力不若牛，走不若馬，而牛馬為用，何也？」就是因為「人能群，彼不能群也」（《荀子・王制》）。

　　這種以和為貴的思想，歷來是傳統價值觀教育的核心，蘊含著宇宙一體的豐富哲學內涵。幾千年來，在以孔子為代表的儒家學派的大力宣導下，於潛移默化之中，孕育了中華民族熱愛和平、團結豁達、寬容博大的胸懷。

　　在現代社會中，團隊已變得越來越重要。團隊作為一個完成任務的單位，不僅要不斷完成有挑戰性的目標，而且還要高效地利用有限

的人力資源，加強成員間的交流與合作。毋庸置疑，在今天的新經濟環境下，和諧的團隊文化對團隊的成功、成就高效團隊具有舉足輕重的意義。

（1）和諧的團隊文化維繫團隊的向心力

相同的文化理念、共同的價值、信念及利益追求，對團隊中的每一位人員都具有一種無形的巨大感召力，把團隊全體成員凝聚在一起，增強團隊的凝聚力。和諧的團隊文化作為共同價值觀念和共同利益的表現，決定了團隊行為的方向，規定著團隊的行動目標。在和諧的團隊文化的引導下，團隊建立起反映團隊文化精神實質的、合理而有效的規章制度，進而引導著團隊及其創業成員朝著既定的發展目標前進。

（2）和諧的團隊文化維繫團隊的溝通力

和諧的文化營造良好的溝通，和諧的文化打造卓越的團隊。如果僅僅只是單個團隊成員之間的技巧和經驗，而忽略、忽視了溝通，那麼團隊終會成為一盤散沙，重蹈「三個和尚沒水吃」的覆轍。只有時時刻刻重視建設和諧的團隊文化，才能改善溝通管道，為團隊成員之間的溝通創造良好的環境；才能適時發揮團隊的合作能力，產生一加一大於二的效果，才能使團隊在激烈的市場競爭中處變不驚，決勝市場。

（3）和諧的團隊文化維繫團隊的執行力

每一種管理制度都往往反映了團隊文化的實質，和諧的團隊文化反映在管理制度上，是管理制度的昇華，它透過把外在的制度約束內化為自覺的行為，促進團隊成員自覺執行任務。而執行的落實與否，

則是團隊文化的展現。因此，和諧的團隊文化中的獎懲的標準、行之有效的制度是打造團隊執行力的幾大法寶。

綜上所述，和諧的團隊文化透過維繫團隊的向心力、溝通力和執行力，成就團隊之高效。只有營造深層次的和諧文化，才能造就充滿活力、安定有序、全面的、可持續發展的高效團隊。

現代團隊管理的靈魂就在於建構和諧的團隊文化。有了這種文化，才能產生高效團隊與凝聚力，從而「政令」暢通、上下同心，只有這樣的團隊才會歷經風雨而不垮，才能稱之為高效團隊。

所以，當一個員工進入了組織之後，你就應該讓他深切地體會到，有一種無形的力量 —— 團隊文化，在指導著每一個人走向一個共同的目標，並且要在以後的工作中不斷地弘揚它、貫徹它，並身體力行地將它表現在自己的工作中。為了公司的共同目標與他們的共同理想而奮鬥。

> ★ 團隊作為一個完成任務的單位，不僅要不斷完成有挑戰性的目標，而且還要高效地利用有限的人力資源，加強成員間的交流與合作。

7. 領導者不要成為「獨行俠」

任何一個企業要成功，必須有一個團結合作的組織或群體來共同達成目標。這是不容否認的事實。一個真正的有效率的團隊，應該看起來就像一個人一樣，身體每一部分的配合與協調都自然隨意，恰到好處。要做到這一點，你必須學會在下屬中間培養默契，找到「心有靈犀一點通」的感覺。

第六章　團隊統御，協同作戰

　　作為團隊的領導者，你固然要讓每位成員都能擁有自我發揮的空間，但更重要的是，你要用心培養團隊，破除個人主義，整體搭配，協調一致的團隊默契，同時，努力使彼此了解取長補短。畢竟，合作才會產生巨大無比的力量。因此，經常教導灌輸成員了解相互依存、培養下屬整體搭配的團隊默契，是增進團隊精神的另一個重要手段。

　　自然界中就存在這樣的榜樣。眾所周知，螞蟻是最具有團隊合作精神的動物。寒帶、熱帶，屋裡、屋外都四處可以見到它們的蹤跡。根據研究發現，螞蟻的種類高達三千多種，但它們永遠過著團體生活，有時候一窩螞蟻有好幾萬隻，也有一窩數十隻的，不過每一個蟻窩都有一隻蟻后（有些是一隻以上的蟻后），若干雌蟻、雄蟻及兵蟻所共同組成，它們各司其職，分工合作：蟻后的任務是繁殖、產卵，同時受到工蟻的服侍；工蟻負責建造、覓食、運糧、育幼等工作；雄蟻負責和蟻后交配；兵蟻的主要任務是抵抗外侮，保護家園。大家一條心發揮各自的專長才華，團結合作。螞蟻群策群力，組建有效團隊的做法，實在值得身為組織的領導者認真反省與思考！

　　領導者需要喚醒團隊成員整體搭配的觀念，這時你必須將焦點集中在他們的同心協力的行動和甘苦榮辱的感受上。很多小事你肯定可以做到，比如說和下屬一起看一場職業籃球賽，甚至一起觀察螞蟻、白鶴、海豚等動物群策群力，扶持相助的場面，也可以選一本講團隊精神的書，讓夥伴們分章閱讀，並互相分享心得，還可以率領夥伴們參觀工廠，事前分配每個人看的部分，分工合作，回去後，大家相互溝通，交談心得。

　　要建立一支有效率的團隊，並非一蹴而就的事，但是，如果能夠在以下基礎上持續努力的話，一定可以幫助你早日實現你的願望：對

建立團隊保持正面、認同的態度，把夥伴當成珍貴無比的「資產」來看待；融入到你的組織之中，和成員們打成一片，打破「我是老大，聽我的命令做事」的作風，包容、欣賞、尊重成員的個別差異性；確信每一位成員都願意與他人形成一個團隊，盡量讓夥伴們共同參與，設定共同的目標，並一起參與討論重大問題的解決方法，使組織內每位成員都明白建立團隊觀念的重要性，在公平的基礎下分派任務，分配報酬，有賞、有功勞大夥共用，有罰、有責難一人獨當。否則，一個公司處處都是領導者一個人做決定，即使決定出現失誤也沒有人提出，這樣的公司很難長久經營下去。

日本某公司的董事長就是很好的例子，這位董事長不但頭腦靈活，觀察也很敏銳，在他還未當上董事長時，很擅於掌握基層人員所提供的情報，決策都能夠很順利地推行。

當他坐上董事長的寶座之後，卻不信任下屬，任何事都自己決定，動不動就喝斥下屬。主管會議經常都是董事長一個人在演講，大小事全都一手包辦，任何主管所提的意見都不能改變他的決定。

所以當董事長提出自己的方案徵詢大家的意見時，大家心想反正說了也沒用，於是全都不表示意見。

大家都不說話，董事長就用點名的方式，被點到的人嘴裡雖然說：「董事長的想法真是太棒了，推出去一定會大受歡迎。」心裡卻難以苟同。由於大家都沒有說出真心話，結果董事長的計畫一推出即弄得狼狽不堪。

日復一日，公司狀況就在這樣的情形下逐漸惡化。

英國著名企業企劃專家波比‧克茲在《公司合作中的馭人術》一書中認為：「企業領導者的責任不是僅僅考慮員工個人才能的釋放問

題，而是應該根據每個員工個人才能的特點，加以整合，並形成團隊合作力量的問題。沒有團隊合作的個人才能，僅僅是局部的效應；如果要真正構成了重大的競爭趨勢，必須有效地把這些分散的個人才能結合，構成團隊合作的結構力量。因此，企業領導者應該注重員工凝聚力的培養，這是一家企業管好人、用好人、人氣旺盛的標誌。」這就是說，企業領導者管理員工應該從「大處著眼，小處著手」，充分把個人放在整體中考察和任用，力戒鼠目寸光，僅顧眼前利益，要重視長遠規劃。企業的生命應當是持久的，要做到這一點，企業領導者如何把員工構建成為一個「團隊合作結構」，至關重要。

如果領導者跟他們的下屬距離太遠，「磁力」便不會發生作用，所謂的團隊精神也就不存在了。這就是領導者高高在上、脫離下屬的後果。試想，脫離員工的領導者還有什麼意義？因此，企業領導者切忌成為「獨行俠」。

> ★ 當過兵的人都知道，凝聚力能使戰鬥力產生相乘效果。也就是說，只要一支部隊團結，它的戰鬥力就會增加好多倍。一支小而弱的部隊，若有堅強的凝聚力，往往能戰勝大過它好幾倍的強敵。

8. 團隊存在的意義

卡內基在一次講課中講述了這樣一件事：

日本一位學者曾提出這樣兩個有趣的演算法：

五加五等於十和五乘五等於二十五

這兩個算式的意思是：假設有這樣兩個人，他們的能力都是五，

這樣，兩個人的能力加起來則等於十。就是他們互不交往，或者雖有交往卻無坦誠面談和交流，那麼他們的能力都不會有任何提高，這只能是五加五等於十。

如果他們交流資訊、相互合作，便可能因為互相「感應」而產生思想「共振」，使兩個想法重新組合發揮出高於原來很多倍的效力來，其功能就猶如五乘五等於二十五。

人們學習交際的技巧，就是要追求產生出「新想法」這樣的效果，即五乘五等於二十五。

所以說，在現代社會，相互合作顯得越來越重要，閉關自守、故步自封是沒有出路的。社會如此，個人也如此。

在日常生活中，你經常有這樣的體會，同樣一件需要與別人商談的事情，不同的人去面談，結果大相徑庭。有的人不僅達不到五乘五的效果，甚至連五加五都做不到。如果成了武減五，那就真應驗了那句古話：「成事不足，敗事有餘。」

這絕不是危言聳聽。在日常生活中，幾乎每個人都可能碰到因「詞不達意」而使人曲解、誤解、招致煩惱，甚至結下怨仇的事情。在社交場合中，你也許由於不能隨機應變而被弄得理曲詞窮、醜態百出。再比如，你不能了解面談的狀況，而自己一味喋喋不休，這時你的「金玉良言」只能得到五減五的效果了。如果你出言不慎，誤觸對方的傷處，而你還自鳴得意，可想而知，面談的結果更是差之又差了。

由此可知，充分利用五乘五等於二十五的乘法效應，對於一個成功的領導者來說是非常重要的一件事。

通常情況下，團隊的使命來源於組織的要求，因此可以透過釐清

組織對新建團隊的要求或上級對新建團隊的要求，與團隊所有成員進行充分的溝通交流，從而確定團隊的使命。

然後，可以根據團隊使命來制定團隊目標。團隊的目標必須服從組織的目標，但團隊可以根據具體情況確立自己的目標，這是組織目標中一個特殊項的細化，而且目標的設定必須遵循總體要求和原則：

(1) 總體要求。

其實，任何團隊目標方向的制定都不是隨意而設的，相反，它的設定有其內在的總體要求。而所謂總體要求就是何為明確的目標，具體來說，主要有如下幾個方面：

總體要求一：清晰、明確

要想使設定的目標能產生效果，首要要求就是清晰、明確，而只有清晰、明確的目標才是有效的目標。對於團隊而言，一個時期的策略目標必須是明確、清晰的。只有這樣，才能讓團體成員明確努力的方向，才能對他們產生巨大的激勵作用，從而保證團隊能始終朝著既定的目標前進。

總體要求二：實事求是

團隊目標方向的設定必須做到實事求是，尤其在制定具體目標時必須了解自身的能力。目標設定過高易成為空話或口號，固然不切實際，但目標也不可定得太低。因此，設定團隊目標方向應該從實際出發，使目標方向源於實際的同時又高於實際，讓團隊的目標方向做到適時適度。

總體要求三：達成共識

團隊管理不是「官理」，因此，團隊目標的制定不能一廂情願地

單憑領導者的意志行事，而必須達成一種共識。即團隊應該有機會進行討論並就目標方向達成共識；也就是說，應該把團隊的目標方向灌輸給團隊成員並取得共識，而不是簡單地把目標方向強加於團隊成員。離開了共識，團隊的目標方向就會面臨觸礁——團隊成員的目標方向與團隊的目標方向相分裂。只有上下達成一致的目標方向，才是高效團隊的第一出發點。

(2) 原則。

原則就是制定總目標背後的依據，以及如何將其具體化成為行動策略（或主要任務）。原則就像行動背後的本質，是哲理，而行動是外在表象。

為使團隊的目標方向更有效，使其真正成為高效團隊的第一出發點，在其設定時，除了要遵循上述的總體要求外，還必須堅持以下幾個原則：

原則一：掌握大局，抓好重點

掌握大局，抓好重點，就是要從全域出發，抓住重點和關鍵。運用到團隊目標方向的設定上，就是團隊的目標方向必須展現團體的整體利益，以大局利益為重；與此同時，還要突出重點。否則，眉毛鬍子一把抓，顧此失彼，只能導致團隊低效。所以，團隊目標方向的設定必須堅持掌握大局、抓好重點的原則，在掌握大局中突出重點，在掌握大局中謀劃未來。

原則二：立足當前，著眼長遠

立足當前即了解清楚團隊目前的情況，這是制定團隊目標方向的基礎。只有對目前的詳細情況有了客觀公正的了解，才可能擬定出一

個切合實際的、完善的、有效的目標。在設定目標方向之前，每一位團隊成員都要確定現在的情況，以及可憑藉的條件，清楚地了解自己的長處與短處所在。就像工程師要造一座橋，他必須先了解清楚橋墩的地質構造、河岸下面的岩層、水流的速度等，唯有仔細研究過情況後，工程師才能決定要造何種橋，以及該如何做。

同時，目標方向是指向未來的，因而它在立足當前的同時，還必須著眼長遠，只有著眼長遠目標，才能為團隊的發展提供動力，引領團隊前進，邁向未來。

原則三：可持續發展

團隊在每個階段應能持續發展，各具體目標與團隊的遠景規劃應一致，不能搖擺不定。團隊目標不單是一個階段性的目標，而且是一種可以貫穿自己整個發展生涯的遠景展望，所以團隊目標必須具有可持續發展性。如果目標太過短淺，這不僅會限制團隊成員奮鬥的熱情，而且不利於自己長遠發展。

另外，為了適應資訊時代科技進步的發展與變更，團隊目標的制定也必須充分考慮團隊作為一個系統的可持續發展性。對此，在目標方案的選擇上，要有一定的超前性和成長空間，必須具有可發展性和靈活性。

原則四：統籌兼顧，穩中求進

古人說，「不謀全域者，不足謀一域」，講的就是要做到統籌兼顧。所謂統籌兼顧，就是總攬全域、科學籌畫、協調發展、兼顧各方。要穩中求進，穩，就是要保住現在的位置；進，就是向更高的目標進軍。

二〇〇五年，三星硬碟在市場上取得了長足的進步，迅速躋身硬碟市場前排。面對良好的發展趨勢，三星並沒有沾沾自喜；相反，它保持著清醒的意識，進一步確立了二〇〇六年超越日立，取得市場第二的目標。對於三星來說，保持「穩定」持續的策略恐怕比「變化」更適應企業未來的發展，穩中求進是根本原則。

如今，在「穩中求進」的原則下，三星硬碟已經逐步形成了自身獨特的核心競爭力。相信今後三星硬碟必然還會取得更大的進步，進而改變既有市場格局，完成既定的市場目標！

可見，統籌兼顧，穩中求進是團隊目標方向制定的又一重要原則。在設定團隊目標方向時，應該總攬全域，兼顧各方的利益，協調推進；同時要做到務實，力求穩中求進。唯有這樣，團隊才能健康地發展。

原則五：總結中成長

訂立目標方向是為了實現目標，但是，並不是所有的目標都能夠實現。在團隊目標的實施過程中，會由於外部或內部環境的變化等種種原因，導致團隊目標的不能實現，這時我們應該坦然接受這種失敗，認真總結教訓，合理地調整、修正原有目標，從而使團隊在總結中成長。

總之，作為團隊的領導者，如果疏於制定明確的目標和計畫，那將是嚴重的失職，可以說就是在計劃失敗。

★ 在現代社會，相互合作顯得越來越重要，閉關自守、固步自封是沒有出路的。

---

9. 團結互助是企業立足之本

美國汽車業名人艾科卡認為，當一名成功的經營者，最重要的條件是「與人相處的能力」。

此乃至理名言。

這句話的起源是艾科卡與足球教練藍伯迪聊天，他向藍伯迪請教獲勝的祕訣。

教練說：「好的球技固然必要，而最重要的還是默契。」

一言驚醒艾科卡。

他由此而領悟到，球隊要團結，企業也要團結。企業團隊就是球隊，同事之間必須融洽相處，共同向一個目標前進，事業焉能不成功。

從古至今，團結互助是社會發展的核心動力，更是企業立足之本、發展之需、傳世之必備條件。

有三個士兵被困在沙漠中，還好他們都帶了足夠的食物，但每個人身上只有少量的水，很快，水就喝光了。這時候三個人都著急了，但由於平時每個人都是非常自主的人，這個時候也都有了各自的想法，每個人都拿著自己的工具在自己覺得可能有水的地方埋頭苦挖，從早到晚三個人都累的精疲力盡，但始終沒有發現半點水。又過了一天，結果依然如此。第三天假如再挖不出水的話，可能大家都走不出沙漠了，已經到了第三天中午，情況依然沒有改變，就在大家都在失望的時候，忽然有一個人大喊了一聲：我看到了。另外的兩個人都跑了過來，果然依稀看到了一點水源的跡象，這時候三個人不由分說在這個地方大挖特挖，終於大家看到了水，在大家都喝飽了以後，大家

仿佛都明白了某些道理，繼續在這個地方深挖下去，接著他們看到了更多的水，讓自己的水袋，肚子都飽滿了。後來他們成了好朋友，一起走出了沙漠。

眾人拾柴火焰高，一個人的力量是很渺小，可那麼多人一起努力，力量還會小嗎？團隊精神是開往勝利的列車，是鋪向成功的基石，是通向輝煌的路標。

聯邦快遞是創立最早、全球最大的航空快遞公司，目前，它向兩百二十個國家及地區提供二十四到四十八小時、門到門的快遞運輸服務。有統計顯示，聯邦快遞每個工作日運送的包裹超過三百二十萬個，每年運送包裹總價值達到六百多億美元，全球擁有將近十四萬名員工、五萬個投遞點、六百七十一架飛機和四萬多輛車，並且透過網路與全球一百多萬客戶保持密切的電子通訊聯繫。

如此繁雜的業務量靠的就是團隊的精誠合作。在聯邦快遞遍布全球的物流網路上，有成千上萬個團隊，如負責銷售的 Sales 團隊、負責收派件的 Courier 團隊、負責分揀的 Service agent 團隊、負責客戶服務的八百個團隊、負責調度的 Dispatch 團隊，以及負責技術的團隊和負責航空運輸的團隊等等。這些團隊成員每時每刻都在高度負責地傳遞著客戶的包裹。如某個環節出現紕漏或失誤，都可能給下一道程序造成連鎖並且是成倍的壓力，甚至可能給客戶造成無法挽回的損失。用聯邦快遞員工的話說就是：「與時間做鬥爭，而且要求準確無誤。」

毫無疑問，這種環環相扣、時間連續、跨越區域的業務，沒有一支龐大的具有精誠合作的團隊是絕對不行的。

憑藉這種巨大的團隊力量，聯邦快遞獲得了令人矚目的成功。

二〇〇四年，聯邦快遞公司被《財富》雜誌評為二〇〇四年度「全球十大最受推崇公司」。正如聯邦快遞的創始人菲德里克・W・史密斯（Frederick Wallace Smith）所說的：「能夠得到盡可能多的人的合作是創業成功的第四條祕密。」

北宋劉書在《劉子・兵術》中說：「萬人離心，不如百人同力。」宋人許洞也曾說：「和於國，然後可以出軍，然後可以出陣；和與陣，然後可以出戰。」從這裡我們可以了解到，一個群體團結的重要性。

因而，我們欲獲發展成功，需要我們有團隊合作精神，認同團結和夥伴意識，你絕對會受益匪淺。

> ★ 俗語說：「一個好漢三個幫。」要想得到幫助，首先自身要是「好漢」。反過來，「好漢」只有充分體認到人才的重要性、尊重人才、禮遇人才，才能得到別人的幫助，才能將團隊效應發揮到極致。

10. 合作雙贏

如今很多公司每次大會小會總是強調要有狼的精神，這是為什麼，其實主要是因為狼有合作精神。在動物界中，其他的動物之所以會害怕狼，其實並不是因為狼有多麼厲害，多麼兇猛，而是因為狼懂得了團隊的重要性。如果牠們中的某一個遇到了危險，那麼其他的狼絕對不會為了自保而逃跑，而是群起而攻之，結果，久而久之，狼群也就演化成了「打群架」的高手，捕捉獵物的能手，也正是這個原因，所以動物界的很多比狼強大的動物也從不敢招惹狼，因為牠們知道狼群的合作意識很強。

　　而當今的時代也是一個越來越注重互利雙贏的時代。工作中，我們與上司、下屬、客戶和提供服務者的合作無處不在。如果一個人做什麼事都站在自己的角度去看對方，不擇手段地去獲取利益，那麼，他是很難成功的。所以，凡事也要替對方著想，大家都力求雙贏的交易，這才是最高明的辦事方法。

　　試想，如果一個人的發展離開了一個組織，那麼他的發展是很有限的，可以這樣說，集體的力量大於個人的力量。正如足球一樣，如果單單靠一個球星，是不能贏得比賽的，只有場上的十一個人共同努力才有比賽的勝利，如果以一抵十，就算有天大的本事也不會取得比賽的勝利，只有合作和雙贏才能共同發展！

　　下面這則寓言故事說的就是團隊的力量。

　　草地上，一群水牛正在吃草。忽然，有群野狗向牛群襲來，幾隻幼小的牛掉頭就想逃跑。這時，一頭老牛叫住了牠們。問道：「你們幾個跑步的速度能比狗快些嗎？」小牛說：「我們的人這麼少，野狗那麼多。打起來我們不是牠們的對手。」

　　老牛說：「不要害怕，我們的犄角是最好的利器。只要大家齊心協力，一定能夠戰勝狼群。」

　　老牛把所有的牛叫到一起，教牠們尖角朝外站成一個圓圈，說：「好了，我們的陣勢擺好了，現在可以戰鬥。不過，我希望大家充滿信心，不要以為我們人少就不是群狗的對手。勇敢些，不要害怕！無論狗群從哪個方向進攻。我們都用犄角對付牠們。」

　　狗群上來了。牠們兇猛地撲向水牛，可萬萬沒有想到，一開始就碰到了牛角上，不得不往後退。狡猾的狗群從兩面進攻，也同樣被齊心的牛群擊退。最後，無可奈何的狗群只得分散開逃跑了。

　　由此可見，團結就是力量，優秀的團隊戰無不勝！善於合作就能雙贏，就能成功。個人的力量總是有限的，與人聯合則可以壯大自己。

　　因此，善於處理人際關係、利用群體力量的人，其成功的機率就比那些不善於處理人際關係、不善於利用群體力量的人大得多。一個成功的發展者，首先是一個處理人際關係的高手。

　　所謂「雙贏」，簡單說就是一種「我好，你好，世界好」的價值取向。雙贏是一個積極的字眼，它想要表達的是這樣一種狀態：為了一個目標去奮鬥！這種追求形成了一種態勢，這種態勢對各個領域都產生了影響。

　　真正的成功應該展現雙贏的理念。或者說，沒有展現雙贏的成功不是真正的、持久的成功。

　　那麼如何保持良好的合作意識呢？

　　第一，萬眾一心。公司中的每個人都應當相互欣賞，相互信任，而不是相互瞧不起，相互打小報告。

　　第二，要培養自己的全域觀念。要求團隊成員互相幫助，互相照顧，互相配合，為集體的目標而共同努力。

　　第三，互補的技能，即團隊各成員至少具備科技專長、分析解決問題能力、溝通技能。

> ★ 當今的社會講求團隊合作的精神，因為在這個充滿競爭的年代裡，競爭無處不在，無時不在，而且人不僅僅是要和人競爭，有時還要和物進行競爭。所以，從人世間的競爭裡，人們總結出了兩個字：合作。

第七章
授之以權，有效管理

1. 掌權與用權 —— 抓大放小，發揮員工智慧

累，是許多商人的共同感受，但是，真正卓越的企業家是不會感到忙碌和勞累的。因為他們懂得找到合適的人，讓合適的人去經營企業，而自己則保持精力，把眼光放在重要的決策上。

也許有些老闆會認為，如果把事情都交給手下的人去做，那麼怎樣才能保證他們做好呢？更何況充分授權後容易出現下屬過度使用權力的情況，事實上，只要掌握了授權的方法，這種擔心完全是沒有必要的。

西漢丞相陳平，有一次皇帝問他：「全國一年判決多少案子，收多少錢糧？」他回答：「這些事，可問主管部門。丞相只主管群臣，不管這些事。」

聰明的領導者即使自己很優秀，他也知道還有比自己更優秀的人，他的職責就是如何尋找並發揮這些人的智慧，來完成自己的工作。這正如管理專家旦恩・皮阿特所說：「能用他人的智慧去完成自己工作的人是偉大的。」

在艾爾弗雷德・斯隆（Alfred Pritchard Sloan, Jr.）任通用汽車副總裁期間，通用總裁杜蘭特經營管理不善，使公司汽車銷售量大幅度下降，公司危機重重，難以維持，杜蘭特因此引咎辭去總裁職務。作為副總裁的斯隆雖然幾次指出公司管理體制上存在問題，但杜蘭特均未予以採納。杜蘭特下臺以後，在通用汽車公司擁有最多股份的杜邦家族接管公司，並任杜邦為總裁。由於杜邦對汽車是外行，因此他完全依靠斯隆。斯隆對公司採取了一系列整改措施。

斯隆分析了公司存在的弊端，指出公司的權力過分地集中，領導

層的官僚主義是造成各部門失控的主要原因。於是他以組織管理和分散經營二者之間的協調為基礎，把兩者的優點結合。根據這一主導理念，斯隆提出了公司組織機構的改革計畫，從而第一次提出了事業部體制的概念。

斯隆提出的這一系列方案，贏得了公司董事會的一致支持。於是，斯隆的計畫開始付諸實施。

通用汽車公司在以後幾十年的經營實踐中，證明了斯隆的改組計畫是完全成功的。正是憑藉這套體制，獲得了較快的發展。

根據斯隆的「組織管理、分散經營」這一原則，在經濟繁榮發展時，公司和事業部的分散經營要多一些；在經濟危機、市場蕭條時期，公司集中管理就要多些。一些企業界人士認為，這是通用公司不斷發展壯大的主要原因之一。

斯隆在通用汽車建立了一個多部門的結構，這是他的又一個創造。

他把最強的汽車製造單位分成幾個部門，幾個部門間可互相競爭，又使產品多樣化，這在當時是比較先進的一種方法。

通用汽車基本上有五種不同的層級，這些不同層級的汽車有不同的生產部門，每個生產部門又有各自的主管人員，每個部門既有合作又有競爭。有些產品的零件，幾個部門是可以共同生產的，但各部門的層級、牌號不同，在樣式和價格上各部門之間卻要相互競爭。各部門的管理者論功行賞，失敗者則自動下臺。正是斯隆卓越的領導才能，使通用汽車公司充滿了生機和活力。斯隆成功的手段就是分權制。一位大包大攬的主管是不可能把所有事情都處理得十全十美的。在瞬息萬變的商場上，管理者的判斷往往會決定一個企業的成敗。建

立分權機制，有利於企業靈活機動地處理問題，變一人獨斷為大家共同決定，這就大大地減少了判斷錯誤帶來的風險。

　　有一些大企業是第一代主管創辦的，但實際上他已經不再完全跟得上形勢了。這種情況下建立分權機制，保證公司決策正確更加具有意義，而且分權作為一種制度固定下來後，對於權力觀念色彩重的主管也具有強大的約束力。

　　太平鳥集團有限公司董事長張江平，給了所有商人這樣一個建議：「跟手下的人像朋友一樣相處，他們會辜負你嗎？你越放手給他們，他們的膽子就越小，壓力就越大；如果你自己牢牢抓著簽字權，那他們還有什麼壓力？」

　　做領袖就要懂點領導藝術，「指揮千人不如指揮百人，指揮百人不如指揮十人，指揮十人不如指揮一人」。只要學會授權，既輕鬆了老闆，還滿足了員工，何樂而不為呢？

　　正所謂「成也用人，敗也用人」。尊重人才，授權給人才，讓人才發揮智慧為自己工作，是聰明領導者的授權之道。

> ★　雖不善於用「兵」，但是善於用「將」。善於用兵與善於用將相比，後者顯然高明多了。能夠成功地授權，便可以獲得成功。

2. 既要集權，又要分權

　　在一個企業中，不僅有比較重大的工作任務，必然還有許多瑣碎的事務性工作，作為單位的領導者，不可能也沒有能力去總攬一切事務，必須把一部分工作或絕大多數的事務交給別人去辦理。交給人家

工作任務，就要同時授予人家相應的工作權力，不然，工作任務就很難完成。但集權是必要的，這樣可以及時歸納、總結、決策，防止只放不收出現疏漏。因此，領導者處於中心地位，在權力的運用和對下級的管理統御上，應做到會集權會分權。

集權與分權看起來是矛盾的，但在企業管理中，兩者卻可以有機地統一在一起。既要集權，也要分權。關鍵是怎樣集，怎樣分。

集權是指組織中一切事務的決策權均集中在領導者手中，部下的一切行為措施必須按照領導者指令、決定去辦。分權則是指部下在其管理的範圍內的一切措施均有自主決定權，不必請命於領導者，而領導者對其下屬許可權內的事項也不隨便加以干涉。這是兩種極端的情況，實際上是二者兼而有之。

集權若發揮得好，有如下優點：政命統一，標準一致，力量集中，有利於統籌全域。集權如果發揮得不好，也有極大缺點：只能照顧一般不能顧及個體，領導者會滋長專制獨裁，部下則缺乏主動性、積極性和創造性。分權如果發揮得好，有以下優點：能較好地發展員工個性和特長，較靈活地應對局勢的變化，下屬可積極主動地工作，領導者也容易避免獨裁。分權如果發揮得不好，會產生以下弊病：不利於統一指揮協調，難以形成合力，容易滋長本位主義。

那麼如何做好集權和分權呢？

集權和分權的劃分當依據以下原則：

(1)　可能損失原則。凡後果嚴重的，可能影響全域的，可能造成的損失較大，應由上級決策。

(2)　責任範圍內原則。一項重大決策需由領導者承擔法律責任的，就慎作決策。

(3)　決策範圍原則。凡需做出一致規定的，指導全域工作或規範全體成員行為的，應由領導者決策。

(4)　監督考核原則。凡屬應由上級對部下工作進行監督考核的，要由領導者決定。

(5)　任務性質原則。各部分任務性質相同的內容，為保持政令統一，宜由領導者作決定。

三九集團總經理趙新先，一九八五年創辦南方製藥廠時，只有六個人。趙新先是廠長，若再設兩個副廠長，那就成了三個將軍三個兵，沒法工作了。趙新先沒有給自己配副手，而實行領導者個人負責的辦法。手下五個人，各自獨立負責一部分工作，也都沒有配副手。

趙新先發現這個辦法用人少、矛盾少、效率高，也就長期堅持下來了。直到一九九二年發展成為一個擁有五十多家子公司，包括十二家跨國公司的集團時，也沒有改變。

在三九集團，趙新先是總經理。總經理下面不設副總經理。

在南方製藥廠，趙新先是董事長兼廠長，也不配專職副手。四個部門一個人管。一個人說了算，這樣做趙新先是否會窮於應付呢？

趙新先說：「我只管五十多家二級公司的一把手，而且把權力充分下放給他們。因此，實際上很瀟灑。」

在趙新先手下有五十多名大權在握的二級決策者。趙新先把六大權力下放給他們：組閣權、機構設置權、人事調配權、生產經營決策權、財務收支權和薪資獎金分配權。

俗話說的好，巴掌再大遮不住天。整個部門並不是你一個人的，你的下面還有許多不同等級的人，自己把所有的事情都做了，那麼，其他人又做什麼呢？

　　領導者的權力職能是多方面的，如運籌決策、組織指揮、協調控制等。在領導者行使職權的過程中，領導者與被領導者都應是確定的。

　　在現實生活中，領導者並非總是處在做出決定的最恰當地位。當他們做出決定時，必須充分依靠員工提供的資訊和建議。所以，更為切實的做法是，尊重員工，讓員工做出某些決定，讓員工承擔一些責任。

　　當然，作為領導者，尊重員工時，也應劃清界線，因為有些決定是無法做出的。比如，只應允許他們做出一些在他們責任範圍內的決定，而不能做出那些影響其他部門的決定。他們可以在公司的經費計畫內決定如何最大限度地安排自己的工作，如何進行培訓等，但他們無權決定公司的某些制度與辦公設備應如何處置等問題。

　　尊重員工，也是對員工的一種挑戰。他們必須對自己的決定負責，而提供建議與做出決定兩者是有區別的。有時，你也許只需向員工提供有關資料和資訊，然後由他們做出最終的決定，如果你將此視為向員工提供幫助，這是十分正確的。當員工碰到困難時，向他們提出建議和解決辦法是可行的，是否會被他們接受又完全取決於他們自己。如果你的建議帶有強制性，這一決定似乎就是你做出的了，只不過你巧妙地轉移了自己的責任。因此不要鼓勵員工遇到事就找你。否則，你將背上過重的提出建議、做出決定的包袱，而成為過時的「萬能」領導者。當員工帶著問題走到你身邊時，你不能一開口就做出決定，因為有時只有員工才能做出決定，尤其是那些在他們工作範圍之內的決定。

　　如果你要檢驗員工是否表裡如一，最好是離開一段時間，讓他們

各行其是。很多人也許都有這種體驗，當你離開之後，他會輕鬆地噓一口氣，並開始真正地感到自由，慶幸自己終於可以做自己感興趣的工作了。

很多人與領導者相處時，總會感到緊張不安。他們總想讓他高興卻不知怎樣去做。同樣，當領導離開時，他們反倒能全身心地投入到工作之中，並能從中自娛自樂。沒有領導者在場，他們卻能更好地做出決定。

作為領導者，你可以離開員工一段時間，盡量給他們留一些自我發展的空間。這樣當你回來時，你會吃驚地發現員工在你不在的時候取得了多麼令人滿意的成績。離開員工是檢驗領導者是否成功的最好方式。如果你已經能夠培養員工按照你所構想的方式去做；如果你讓他們真正承擔起自己的責任；如果你能讓他們各行其是，那麼，當你離開的時候，所有的一切可以照樣圓滿地成功完成。

作為領導者，你只需為員工指引方向，而且這一方向不應在三個星期或三個月內就做出改變。即使出現一些問題，你的員工也應該像你一樣妥善地處理。當然，如果是一個十分重大的問題，那他們不可能各行其是，必須報告於你。

當你離開時，員工們也許有些不太習慣，或許會有些想念你。當你回到他們身邊，他們會集中精神向你展示自己所實現的東西。因此你的回歸，又變成了他們表現自己及證明你的權威的機會。

讓員工擁有自己的頭腦，其前提是你必須充分相信和認可他們。你給予他們的自由空間越大，他們做的事情就越成功。當你真誠地信任員工時，如果他們對你安排的某一工作確實無法勝任，他們會主動說出並要求另換一個更合適的人選，這實際上是對你的一種負責，這

樣的員工比勉強答應，但最後將事情弄得一團糟的員工更加誠實、更有責任感。

　　總之，一個人不可能把什麼事情都做好，畢竟你的精力是有限的。部門內大大小小各個方面總有照顧不周到的地方。更何況，如果天天如此，人的身體也是經受不住的，遲早會被累垮。

> ★　作為單位的領導者，不可能也沒有能力去總攬一切事務，必須把一部分工作或絕大多數的事務交給別人去辦理。

3. 下放權力需要注意的一些問題

　　我們說，越是高明的領導者，越願意授權於下級，特別是對於遠離指揮中心，獨當一面的負責人，則更應該透過授權這一手段來充分發揮他們的獨立負責作用。同時，作為領導者要注意的是，授權不是交權，更不是大權旁落。什麼時候授，授到什麼程度，什麼時候收回等等，都有許多學問，同樣，也應當引起重視。

　　所以，下放權力需要注意一些問題：

(1) 要當眾授權

　　當眾授權有利於使其他與被授權者有關的部門和個人清楚，領導者授予了誰什麼權、權力大小和權力範圍等，從而避免在今後處理授權範圍內的事時出現程序混亂及其他部門和個人「不買帳」的現象。當眾授權，還可以使被授權者感覺到領導者對他的重視，感覺到肩上的擔子，從而使他在今後的工作中更加積極、更加主動、更有成效。

（2）授權要有根據

授權時要有根據，因此最好採取書面授權的方式。書面授權有備忘錄、授權書、委託書等形式。採用書面授權，具有三大好處：一是當有人不服時，可借此為證；二是明確了其授權範圍後，既可以限制下屬做超越許可權的事，又可避免下屬的「反授權」行為；三是可以避免領導者將授權之事置於腦後，又去處理那些熟悉但並不重要的事。

（3）授權後要保持一段時間的穩定，不要稍有偏差就將權收回

如果今天授了權，明天就立即變更，會產生三種不利：一是這樣做，等於向眾人宣布自己在授權上有失誤，需要糾正；二是權力收回後，自己負責處理此事效果更差，更會產生副作用；三是容易使下屬產生領導者放權又不放心的感覺，覺得自己並不受信任，有一種被欺騙的感覺。更有甚者，他會對領導者懷恨在心，伺機報復，而成為領導者前進道路上的絆腳石。因此，在授權後一段時間，對下屬可能犯錯誤應有心理準備，即使被授權者表現欠佳，也應透過適當的指導或創造有利條件讓其將功補過，而不要馬上收權。另外，領導者在授權以後，要著重看下屬的工作成效，不要斤斤計較其執行工作的手段，不要因為下屬的工作方法與你的不一樣就輕易動搖授權。

（4）留心有意或無意地收回授權

有意或無意地收回授權，這種現象並不少見。當你已明確授權某人做某事後，而在某一天，當你在走向辦公室的路上碰見他時，漫不經心地問了一句：「你的計畫向某某談過了嗎？」你會發現他像一個洩了氣的皮球，因為你的那句話，等於從他那裡把一切授權都拿了回

來。也許你是無意的，但客觀的效果是，不管他願不願意，他都會照你說的去同某人討論那個計畫，那麼真正的授權也就結束了。真正的授權應該越過一條把在心理上的所有權交給受託人的想像的線，任何暗示都無異於公開的收權。

(5) 要選好「受權者」

授權是一項政策性、原則性很強的工作，必須要慎重行事。因為受權者選不好，不僅難以出現預期的效果，反而會為領導者添麻煩，諸葛亮授權馬謖即為明證。選好受權者，是授權工作的基礎和關鍵的一環。

(6) 避免授權中的偏向

在授權過程中，除了要注意上面的原則外，下面三種情況要特別注意防止。

①不可把授權當成推卸責任的「擋箭牌」。現實中有些領導者不知「士卒犯罪，過及主帥」的道理，錯誤地認為授權後，事情自有被授權者全權負責，領導者可高枕無憂了，這是非常錯誤的。須知，領導者在授權時必須徹底，但對於授權後部屬所做的一切事情，仍然要承擔責任。諸葛亮誤用馬謖，失守街亭，班師回來馬上上書引咎自責，請求貶官三級，以負「用人不當」的責任。諸葛亮這種嚴於律己、勇於承擔責任的精神實在令人敬佩。

②不可又授又不授。有的領導者在授權時總放心不下，總對部下有疑慮，經常干涉被授權者，阻礙著權力的正常行使。結果讓下級很被動。還有的領導者授予下級的權力與下屬所負的責任極不相稱，使下級面臨「責大於權」的狀況。

③不可越級授權。領導者不可把中間層的權力直接授給下屬，這樣做會造成中間領導層工作上的被動，扼殺他們的負責精神，久而久之會形成「中層板結」。如果出現中層領導不力的情況，領導者要採取機構調整，解決中層問題。

(7) 授權有禁區

儘管從某種角度說，領導者能夠授出的權越多越好，但並不是說要將所有權都授出去而自己掛個空銜。如果這樣，企業就沒必要設立領導者了。在授權問題上存在禁區，有的權多授為好，而有的權則少授甚至不授更好。一般來說，授權的禁區有：企業長遠規劃的批准權，重大人事安排權，企業技術改造和技術進步的發展方向決定權，重要法規制度的自主權，機構設置、變更及撤銷的決定權，對企業重大行動及危機緩解執行情況的檢查權，對涉及面廣或較敏感情況的獎懲處置權，對其他事關全域性問題的決策權。所有這些權力，都需要有高層領導者掌握，一旦將這些權力授予下屬，領導者便會變成有其職無其權的「傀儡」，領導者也就有名無實了。

領導者授權後，不能高枕無憂，不然會帶來負面效應，在實際工作中，領導者對授權要做到收放自如。

(8) 授權之後只做重點性指導

雖然領導者認為把事情交代得清楚就是親切的表現，但有時會讓對方有不被信任的感覺。所以，領導者不要什麼事都說得太清楚，當然，也不能什麼都不說。

把事情都交給下屬運作，可能會有「遺漏」，或是錯誤發生。所以，領導者對部門內工作的運行，一定要有「詳盡」的了解。

至於是不是要一一做說明，那就另當別論了。總之，說出口之前，仔細考慮清楚是很重要的。最好的方法就是觀察執行者對工作的了解程度到底是多少，然後再做重點式的指導。

(9) 要防止放棄職權的現象，抓住必要的權力

明朝皇帝朱由校把大權交給了奸臣魏忠賢，每當魏忠賢向他問事時，他總是說：「你看著辦吧，怎麼辦都行！」結果導致了魏忠賢遍設錦衣衛（相當於特務組織），肆無忌憚地殺戮重臣名將，造成了大批冤獄。在今天，這種放棄職權的現象也時有發生。總的來說，領導者無論如何授權，都應掌握住三大權力，即事關單位重大前途的最後決策權；直接下級和關鍵職位上的任免權；下級之間相互關係的調控權。

總之，領導者一方面要授權下級，另一方面還要掌握授權的「尺度」。掌握授權的分寸，才能取得最佳效果。

> ★ 授權不是交權，更不是大權旁落。什麼時候授，授到什麼程度，什麼時候收回等等，都有許多學問。

4.「懶」領袖，會治理

我們時常看到，有的地方天天喊管理，結果越管越亂，越管效率越低。導致領導者「管的多，又管不住」的因素主要是：對卜屬不信任、害怕削弱自己的職權、害怕失去榮譽、過高估計自己的重要性等等。

美國有名的管理諮詢專家艾德・布利斯有一句名言：一位好的經理總是有一副憂煩的面孔 —— 在他的助手臉上。布利斯這句話的意思

是說，好的經理懂得向助手或下屬授權，充分地調動他們的去完成工作任務，而不是自己包攬一切，結果使自己疲憊不堪，面孔憂煩。

布利斯指出：現在太多的經理要享有決定一切大小事務的那種萬能的權力，這不只是不能很好地利用你自己（經理）的時間，而且也阻礙了下屬發揮創意和成長。不利於培養鍛鍊員工的實際工作能力，你仔細的命令雖然使員工少走許多彎路，但是員工感受不到通向捷徑路上的荊棘與坎坷，沒有這些感受，員工就是沒有見過世面的「弱智兒」。

我們在前面說過，作為一個創業者，作為一家公司的領導者，不意味著你什麼事情都得管，因為你所領導的畢竟是一家公司，一個企業，而不是一家小作坊。而有些領導者在工作中也許喜歡大包大攬，希望公司裡的每一件事情都經過他的努力，都能夠順利地完成。但事實上，你的這種願望是好的，但結果卻常常不如所願，甚至會適得其反。

首先，你的精力不允許你這樣做。因為一個人的能力、精力都是十分有限的，就算你一天到晚二十四個小時不休息，每天都拼死拼活地去努力，你的公司也總會有許多事情是你無法照顧到的。更何況，你也不可能總是如此，因為你畢竟只是一個人，你也需要休息，需要一個普通人的生活。

其次，儘管公司是你創辦的，但這並不意味著公司就是你一個人的；退一步講，就算你創業的公司算是你一個人的，那你僱傭了那麼多的下屬又做何用？你的下面有這麼多不同等級的人，如果你把所有的事情都做了，他們又去幹什麼呢？

再次，你一個人大包大攬，你公司裡的許多下屬會對你的這種

做法產生意見和不良情緒的。因為他們也是人，也有自己的事業心，你這麼做就等於使他們在公司裡形同虛設，使他們的存在毫無意義，從而對你的專制耿耿於懷，認為你是一個權力欲很強的人，並進而產生牴觸情緒。當然了，還會有一些你的下屬，會因為你長期的大包大攬，凡事都由你來過問和代勞，而養成懶惰、工作消極的毛病。久而久之，他們會疏於思考，遇到稍微有點難度的工作就會等著你這位「救星」出現。這就使得公司的活力大打折扣。

有這樣一個故事。

古時候，一個人奉命擔任某地方的官吏。

他的前任官吏儘管盡心盡力，從早忙到晚，卻民不聊生。但是這個人到任後，並不親自管理，整天彈琴自娛，但百姓卻安居樂業，這讓前任官吏百思不得其解。這天，他請教這個人：「為什麼你能治理得這麼好？」

這個人回答說：「你只靠自己的力量，所以十分辛苦；而我卻是借助別人的力量來完成任務。」

這個故事要告訴我們，隨著企業的不斷壯大，事必躬親並不一定能夠做好每一件事情，反而會讓你覺得焦頭爛額。聰明的商人應該充分利用他人的力量，把事情交給他人去做，自己只管一些重要的事情。

能夠認識自己的才能，發現別人的才能，並將別人的才能為我所用，就等於找到了成功的力量。

《呂氏春秋‧李賢》提出兩個方法：宓子賤和巫馬期先後治理單父，宓子賤治理時每天在堂上靜坐彈琴，沒見他做什麼，結果把單父就治理得相當不錯。巫馬期則披星戴月，早出晚歸，晝夜不閑，親自

處理各種政務，單父也治理得不錯。兩個人兩種治法，一則事不躬親，一則事必躬親。兩種方法孰優孰劣？事不躬親是「古之能為君者」之法，它「繫於論人，而佚於官事」，是「得其經也」；事必躬親是「不能為君者」之法，它「傷形費神愁心勞耳目」，是「不知要故也」。前者是使用人才，任人而治；後者是使用力氣，傷力而治。使用人才，當然可逸四肢，全耳目，平心氣，而百官以治；使用力氣則不然，弊生事情，勞手足，煩教詔，必然辛苦。

其實在我們身邊，常常可以看到這樣的老闆，勤勤懇懇，早來晚走。無論大事小事，樣樣親力親為，的確十分辛苦，但所負責的工作有時卻雜亂無章，眉毛鬍子亂成一團。事事都管、都抓著，結果必然什麼都管不好。

因此，一個領導者，一位老闆，你如果不想做這樣得不償失的愚蠢事，那麼在你剛剛上任的時候，你首先要做的，並不是去解決一個又一個具體的事情，而是去了解你的下屬們，看看他們每個人的工作特點和工作特長，充分調動他們的工作積極性，然後去根據他們的工作特點和工作特長，去給他們安排適當的工作，給他們壓擔子，你自己去抓一些影響公司前途和命運的大事。也就是真正做到「分工放權，綱舉目張」。

所謂分工放權，就是說你要大權集中，小權分散，把職務、權力、責任、目標四位一體授予合適的各級負責人，這是你用人的要訣。「事無鉅細皆決之」、「事必躬親」，是封建時代領導者的做法，在企業界裡，是一種家族式的、陳舊的、作坊式的管理方法，在現代社會裡、在現代企業制度裡已經不再使用。

西方管理界有句行話叫「有責無權活地獄」，你把權力授予勇於

負責任的下屬，對你的下屬來說是人盡其才，對你的公司管理而言是提高效能，這才是有效的管理者和領導者。所以，西方管理學者卡尼奇曾經說過：「當一個人體會到他請別人幫他一起做一件工作，其效果要比他單獨去做好得多，他便在生活中邁進了一大步。」

> ★ 一位好的經理總是有一副憂煩的面孔 —— 在他的助手臉上。

5. 授權的意義

有些領導者，之所以不願過多地授權，甚至是不授權，是因為他們總是認為自己是最優秀的，授權給下屬，下屬會把事情搞砸，而且他始終自信自己能把事情做好。誠然，在企業初創時期，規模小，人員少，領導者事必躬親，還有可能應付得過來。但隨著規模的不斷擴大，自然也就力不能及了，這時再不授權，而整天忙個不停，也會顧此失彼；而且即便是鐵打的人，身體也是吃不消的。

可見，作為領導者，並不意味著他什麼都得管。而應該大權獨攬，小權分散。做到許可權與權能相適應，權力與責任密切結合，獎懲要兌現。

什麼都做的領導者是什麼都做不好的。記住，當你發現自己忙不過來時，你就要考慮自己是否做了些應該由下屬做的事情，你就要考慮是否應該向下放權。

許多人喜歡命令下屬去做事，以顯示其領導地位。「你今天要給我把這份資料寫好，並且列印三份。」這種命令的口吻多少讓下屬有些不快。

作為領導者，應多發問，少命令。發問可以使下屬覺得他也是公司的一部分。他在為公司的工作而努力，這比為某一個人賣命好一些。那麼前面的命令可以轉換為以下的發問：「我們急等這份資料用，你看今天能寫完並列印三份嗎？」

雖為領導者有時會遇到一些事情是超過自己許可權的，而且對此業務也不太熟悉。這樣的事不該管，管不好的事情乾脆不管，聰明的你不會如此受累不討好。

一個人遇到的事有大事，有小事，領導者要全力以赴抓住大事。大事就是全面性、根本性的問題。對於大事，領導要抓準抓好，貫徹始終，絕不半途而廢。一般說來，大事只占百分之二十，你以百分之百的精力，處理好百分之二十的事情，當然會輕鬆自如了！

記住：殺雞焉用牛刀！只要是做領導者，無論是剛剛上任，還是已經做了很長時間，一定會有許多事情要處理，但千萬不要認為，把自己搞得狼狽不堪是最佳的選擇。輕鬆自如的領導者善於把好鋼用在刀刃上，厚積而薄發，不失為上策。

《聖經》中有這樣一個故事。

當摩西帶領以色列的子孫們前往上帝那裡要求給他們領地時，他的岳父葉忒羅發現摩西的工作量實在太大，每天，他都要親自做所有的事情，這樣下去，他必然會累得無法承受，更重要的是，做事情的效率並不會提高，最終，人們反而會吃苦頭。

於是，葉忒羅幫摩西想出了一個辦法。

他告訴摩西，只需要把手下的人分成幾個大組，每組一千人，然後再將每大組分成十個小組，這樣，每個小組只有一百人，然後，再將一百人分成兩組，這樣，分成若干組，解決問題就會容易很多。

在葉忒羅的建議下，摩西對手下的人進行了分組。自從摩西實行這種小組式的管理後，他就有了足夠的時間來處理那些真正重要的問題，而這些真正重要的問題大多只有他才能解決。

可見，摩西學會了如何做領導者的藝術，運用這種藝術，摩西既可以有效管理整個團隊，又有充足的時間來思考更重要的問題。因此，授權同樣是領導者智慧的擴展和延伸，只有學會授權，才能左右逢源，應付自如。

隨著現代社會的發展，領導者必須明確授權的意義：

第一，授權有利於領導者議大事、重協調、穩全域。由於領導者個人的時間和精力是有限的，他必須把自己的部分權力授予下級，就是使用「分身術」，使部分權力和責任由下級分擔。這樣，領導者可以把精力集中在科學的指揮、合理的調度，調查研究，重大問題的決策，對下級工作的協調上，而不是只顧去做具體事情。應當盡一切可能幫助下屬在各自能力限度內取得最大的成效，並指導下級以最有效的方法實現目標，所以必須給下級獨立工作的機會。只有這樣，才能使領導者一身變眾身，一腦變多腦，使領導者的智慧和能力放大，使領導者重在策略，重在統帥，掌握總目標的實現。

第二，授權有利於下級在管理工作中發揮積極性、主動性、創造性，刺激下級的工作意識，使上級的意圖為眾人所接受。因此，任何一個好的領導者都要善於積極、充分地發揮下級的技能和才能。領導者不授權於下級，不但無法充分利用下級的專長，而且無法發現下級的真才實學。因此，授權可以發現人才，利用人才，鍛鍊人才，使領導者的工作出現生龍活虎、朝氣蓬勃的情況。

老闆和員工的關係，當然是「東家」和「夥計」的關係。夥計的

主要職責，就是圓滿完成東家交給的任務。但這種僱傭和被僱傭的關係，並不意味著僅僅只是發號施令與遵守服從的關係。夥計只有具備條件能夠充分發揮出自己的才能，才可以真正達到用人的目的。如果用而不能放手，被用的人總是處於一種被動地位，他的能量也就沒有辦法得以發揮，事實上他也不敢讓自己的能量充分發揮。更重要的是，人都需要有一種成就感，即使被僱傭時也不例外。而且，越是有能力的人，越是希望能夠盡量發揮自己的才能，使自己能夠在一種成就感中獲得某種心理滿足。這樣的人，如果不能大膽放手地使用，以至於讓他總覺得自己沒有一點能夠顯示自己的能力的主動性，使他覺得自己根本就無法真正發揮自己的作用，要想留住他誠心為自己辦事，事實上也是不可能的。

　　所以，從表面上說，領導者盡心盡力地做事是一種美德，可是為此付出了巨大的代價，結局也是得不償失。作為領導者來說，只需要掌握大方向，具體的事情應由各級人才去處理，不必每件事都過問。

> ★　作為領導者，並不意味著他什麼都得管。而應該大權獨攬，小權分散。

6. 授權必須遵循的原則

　　領導者如何對待權力，反映了他的管理觀念是進步還是落後。有些領導者對別人辦事，一萬個不放心，凡事都要親自過問，死抓不放，結果束縛住了下屬的手腳，反而使工作遲緩、缺乏創意。這就叫事必躬、死抱權；相反，有些領導者能夠給下屬權力，鼓勵他們多動腦筋、放開手腳，結果工作突飛猛進、效益倍增。這種事不必躬親，

權不必死抱的做法，就是授權。

合理地分權與放權不但能讓領導者從繁瑣的事物中解脫出來，而且能調動下屬的積極性，使下屬自覺地做好本來就應該做好的事情，甚至可能使下屬做好原本並不會做的事情。合理地分權和放權，能讓下屬把自己的精力直接集中在工作成果上，而不是把所有的事情都推給領導者。同時也能培養下屬處理問題的能力。

但授權要遵循必要的原則，避免無限制地授權。

(1) 授權的技巧性原則

授權，就是領導者根據情況將某些方面的權力和責任授給下級，使其在一定監督之下，得到一定的自主權而行動。

授權的形式和方法有：

①一般授權。這是領導者對部下所作的一般工作指示，並無特定指派，屬於一種廣泛事務的授權。這種授權可分三種：

A. 柔性授權。領導者對被授權者不作具體工作的指派，僅指示一個大綱或者輪廓，被授權者有很大的空間作因時因地因人的相應處理。

B. 模糊授權。這種授權有明確的工作事項與職權範圍，領導者在必須達到的使命和目標方向上有明確的要求，但對怎樣實現目標並未做出要求，被授權者在實現的手段方面有很大的自由發展和創造餘地。

C. 惰性授權。領導者由於不願意多管瑣碎紛繁的事務，且自己也不知道如何處理，於是就交給部下處理。

②特定授權。這種授權也叫剛性授權。領導者對被授權者的職務、責任及權力均有十分明確的指定，下屬必須嚴格遵守，不

得瀆職。

（2）嚴格說明授權的內容和目標

授權要以組織的目標為依據，分派職責和授予權力都應圍繞組織的目標來進行。授權本身要展現明確的目標，分派職責的同時要讓下屬明確需要做的工作，需要達到的目標和執行標準，以及對於達到目標的工作如何進行獎勵等，只有目標明確的授權，才能使下屬明確自己所承擔的責任。

（3）考慮被授權者及其團隊

有些時候並非要對個人授權，而是要對被授權者所領導的團隊授權。一個企業或公司有多個部門，各個部門都有其相應的權利和義務，領導者授權時，不可交叉授予權力，這樣會導致部門間的相互干涉，甚至會造成內耗，造成不必要的浪費。

另外，領導者還可以採用充分授權的方法。充分授權是指領導者在向其下屬分派職責的同時，並不明確賦予下屬這樣或那樣的具體權力，而是讓下屬在權力許可的範圍內自由發揮，自己擬訂履行職責的行動方案。

（4）信任原則，用人不疑

領導者一定要全面地了解和考察將要被授權的下屬，考察的方式可以為：試用一段時間，在觀察並了解下屬後再決定是否可以授權，以避免授權後因不合適而造成不必要的損失。如果認為下屬是可以信任的，則應遵循「用人不疑，疑人不用」的原則，充分信任下屬並授權給下屬。一旦相信下屬，就不要零零碎碎地授權，應該一次授予的權力，就要一次授予。授權後就不要大事小事都過問，領導者可以對

下屬進行適當的指導，但不可以懷疑下屬。否則，不但會傷害下屬的自尊心，而且授權給下屬也會變得毫無意義。

(5) 考核

授權之後，就要定期對下屬進行考核，對下屬的用權情況做出恰如其分的評價，並將下屬的用權情況結合下屬的利益。考核不要急於求成，也不要求全責備，而要看下屬的工作是否扎實，是否認真細緻，是否真實有效。如果下屬沒有達到預期的標準，則要耐心地說明下屬糾正錯誤，改進工作方法。

(6) 權責一體

權責一體授權的同時要強調權責一體，即享有多大的權力就應擔負多大的責任。這樣一方面約束了被授權人；另一方面也有效地保障了工作的正常。

對於熟諳授權之道的領導者來說，他的職業發展道路是可持續發展型的，路會越走越寬，職位越高工作越能得心應手，因為他們已經真正懂得了授權的藝術，對企業的管理已經達到了收放自如的境界。

> ★ 合理地分權與放權不但能讓領導者從繁瑣的事物中解脫出來，而且能調動下屬的積極性，使下屬自覺地做好本來就應該做好的事情，甚至可能使下屬做好原本並不會做的事情。

7. 保持授權後的控制

《韓非子》裡有這樣一個故事：

第七章 授之以權，有效管理

魯國有個人叫陽虎，他經常說：「君主如果聖明，當臣子的就會盡心效忠，不敢有二心；君主若是昏庸，臣子就敷衍應酬，甚至心懷鬼胎，但表面上虛與委蛇，然而暗中欺騙而謀私利。」陽虎這番話觸怒了魯王，陽虎因此被驅逐出境。他跑到齊國，齊王對他不感興趣，他又逃到趙國，趙王十分常識他的才能，用他為相。近臣向趙王勸諫說：「聽說陽虎私心頗重，怎能用這種人料理朝政？」趙王答道：「陽虎或許會尋機謀私，但我會小心監視，防止他這樣做，只要我擁有不至被臣子篡權的力量，他自能得遂所願？」趙王在一定程度上控制著陽虎，使他不敢有所逾越；陽虎則在相位上施展自己的抱負和才能，終使趙國威震四方，稱霸於諸侯。

管理專家彼得‧史坦普曾經說過：「權力是一把『雙刃劍』，用得好，則披荊斬棘無往不勝，用得不好，則傷人害己還會誤事。成功的企業領導者不僅是授權高手，更是控權的高手。」

的確，領導者在授權的同時，必須進行有效的指導和控制。授權是一門藝術，控權同樣是一門藝術。然而，有很多經理人學會了授權，但並不通曉控權。甚至認為授權後，就應該給予下屬充分的信任，不該再去過問下屬的工作，應對任何事都不聞不問。否則，會讓下屬感到不被信任，打擊下屬的積極性。

現代管理學大師杜拉克說過：「授權不等於放任，必要時要能夠時時監控。」可見，即使充分授權，也不等於放任不管。

克里斯多夫‧高爾文是 Motorola 創始人的孫子。一九九七年，他接任公司 CEO 時，就充分授權，認為應該完全放手，讓高級主管充分發揮才能。

然而自二○○○年以來，Motorola 的市場占有率、股票市值、

公司獲利能力連連下跌。Motorola 原是手機產業的龍頭老大，可市場占有率卻只剩下了 13%，而諾基亞則占 35%；股票市值一年內縮水72%；更讓他難堪的是他上任後的二〇〇一年第一季度，Motorola創下了十五年來第一次虧損紀錄。美國《商業週刊》為高爾文的領導能力打分，除了遠見分數是 B 之外，他在管理、產品、創新等方面都得了 C，在股東貢獻方面得了 D，分數低得可憐。

導致這個結果的最大原因就是高爾文過於放權。高爾文放手太過，根本不會適時掌握公司真正的經營狀況。他一個月才和高層主管開一次會，在寫給員工的電子郵件中，談的也只是如何平衡工作和生活。就算他知道情況不對，也不願干涉太多，以免下屬難堪，這顯然屬於授權失誤。

Motorola 曾推出一款叫「鯊魚」的手機。在討論進軍歐洲市場的計畫時，高爾文知道歐洲人喜歡簡單、輕巧的機型，而鯊魚體型厚重而且價格昂貴，高爾文卻只問了一句：「市場調查研究結果真的表明這個項目可行嗎？」行銷主管說：「是。」高爾文就沒有再進一步討論，而讓經理人推出了這款手機。結果「鯊魚」手機在歐洲市場連個浪花也沒泛起。

充分授權本是好事，但授權後不管不問，尤其是在發現錯誤後還優柔寡斷、拖延糾正，對企業的殺傷力是非常大的。可見，授權後就放任不管，是一種錯誤的做法。但是，如果授權後干涉太多，又會失去授權的意義。那麼如何在授權與控權之間尋找平衡呢？

（1）不要不管不問

指導部屬工作的方針是防止這一點的關鍵。要部屬執行內容能信賴的工作，其基本方針是指導。由於有時會本本主義或惰性習慣，所

以要經常留意部屬工作的狀態，然後給予必要的指導。

（2）警惕疏漏工作環節

要做到這一點必須嚴格執行對工作的指示，例如工作的完成日期、領導者的要求等，要細緻具體地指示部屬完成工作的重點與應注意的事項。

（3）不要死搬教條

認真地接受報告情況，以變應變。調查一下完成工作的實際情況。但是工作的狀況經常會變動，足以妨礙部屬的工作效率。雖然領導者相信部屬一定能巧妙地應付那些變化，但有時變化會超出部屬的許可權，所以，作為領導者，還是應當認真接受工作或部門狀況的報告來判斷並予以指導。

（4）不要靜以待之

領導者應當要能掌握先機，實行與關係部門協調或支援等必要措施，及時解決出現的問題，不要坐以待斃。

授權就像放風箏，風箏既要放，又要有線牽。光牽不放，飛不起來；光放不牽，風箏也飛不起來，或者飛上天空會失控，並最終會栽到地上。只有倚風順勢，邊放邊牽，放牽得當，才能放得高，放得持久。

8. 授權是現代領袖的分身術

現代社會活動錯綜複雜，一個領導者即使有三頭六臂，也不可能事必躬親，獨攬一切。一個高明的領導者，其高明之處就在明確了下級必須承擔的各項責任之後，所授予的相應權力。從而使每一個層次

的人員都能各司其職，盡其責，領導者除了做出必要的示範之外，一般對下屬毋須太多干預，這樣做的領導者，就是懂得授權藝術的現代管理者。

道家認為，一切有為之治都會使天下之人「淫其性」而「遷其德」，因此「君子不得已而臨蒞天下」就應當「莫若無為」。無為，然後能無不為；無為，然後能有作為。統治者應該以清靜無為、無欲無爭、規正自身，人民就自然地回歸於純樸，社會就自然地趨於安定，自會呈現國富民安的太平世界。相反地，如果事必躬親，經常有事需要處理，就不能治理天下了。

西晉哲學家傅玄說：「能讓士大夫忠於職守，服從命令，讓諸侯國的君主守住自己的土地，讓朝廷三公總攬天下大事，那麼天子就可以悠哉優哉地坐在那裡統治天下了。」這個祕訣是什麼？看看堯、舜怎樣治天下就明白了。

在堯的時代，舜作司徒，契作司馬，禹作司空，后稷管農業，夔管禮樂，垂管工匠，伯夷管祭祀，皋陶判案，益專門負責馴化用於作戰的野獸。堯不管具體的事，悠悠然地只做自己的帝王。那麼，這九個人怎麼會心甘情願地做臣子呢？這是因為堯懂得這九個人的才能和長處，然後量才使用，而且讓他們每個人都成就了自己的一番事業。堯因此而統治了天下。

有的領導者手下有很多人，事務繁多，時間總是不夠用，如何才能管過來？其實，掌控全域不一定要控制每一個人或每一件事。很多時候，真正產生作用的就是那幾個關鍵人物，只要控制住這些關鍵人物，你就等於控制了全域。

英明的領導者都善於利用少數人去控制多數人，這是他們獨到

的馭人方法。很多時候，真正產生作用的只是幾個少數人，我們在工作中應當讓少數幾個人去控制大多數人，這樣可以形成分層、分級管理，減輕自己的負擔，使整個組織運轉有序。

所以，領導者善於授權很重要，授權是領導者從繁雜的工作中得到輕鬆的法寶。如果你不想讓下屬把你看成權力的「守財奴」，如果你不想事必躬親以致於積勞成疾，就必須授權。學會領導者的分身術，你不僅可以輕輕鬆鬆地當你的領袖，更重要的是，讓下級感激你的重用，讓他為你創造更多的價值。

有一個企業的總裁，是一位非常敬業的企業家。她事無鉅細，事必躬親。公司裡的事，不分大小，她都要親自過問。她手下有五個副總級的幹部，但她不放心，不放權，一個人忙得團團轉，身體累垮了，企業還是不斷地出問題。

一個人的精力是有限的。你不可能什麼都想得到而又什麼都不想失去。你必須學會授權。

授權是現代領袖的分身術。領導者有各式各樣重要的選擇，其中就有什麼事該親自處理，什麼事可以讓別人去辦，以及選擇什麼人代表自己辦事。管人之所以給職位就要給權力，這是管理的需要。現代化領導者面臨政治、科技、經濟、社會協調等千頭萬緒的工作，即使你有天大的本事，但光靠自己一個人是絕對不行的，必須依靠各級各部門的集體智慧和群體功能。這就要根據不同職務，授予下屬以職權，使每個人都各司其職，各負其責，各行其權，各得其利，職責權利相結合。這就能使領導者擺脫事務，以更多時間和精力解決帶有全域性的問題。

> ★ 作為領導者，你必須讓員工安排自己的計畫，不用任何事
> 情都由你過問，可以犯錯，勇於冒險。

9. 選對你的左膀右臂

除了祕書之外，領導者身邊還需要精明的副手。有一個人開創汽車銷售業務時，他僱用了一家大汽車製造企業的一個部門總經理來管理這項業務，相信這位先生是這一行的專家。

不幸的是，這位先生對汽車的了解是站在一個製造商的角度，而非推銷商的角度。更糟糕的是，他極容易接受工廠的意見，他這種態度可以說是致命的弱點。

後來這個人聘請了一位與汽車產業不相干的精明能幹的商人，這一位曾管理過自己的生意，非常了解公司的管理費用，對降低成本極有熱情。如果有人對他說「這件事一直就是這樣做的」，他一定會想方設法另闢蹊徑。結果是公司的業務日漸繁盛。

可見，對於一個管理者來說，選擇副手也是很重要的，副手得力，那麼公司經營就正常，你的心力也可以更加集中在公司的發展上，而副手不得力，那麼公司的很多不需要你來處理的問題勢必也會由你來全權處理，事必躬親，對於一個領導者來說並不是一件有利於公司長遠發展的事情。

那麼，作為管理者如果選對自己的左膀右臂呢？

(1) 副手能夠彌補你的不足

成為領導者助手的條件，首先是能彌補領導者的弱點。比如領導者認為自己的財務能力較弱，應找一位懂財務的人；如果認為自己的

人事能力弱，應找一位在這方面有能力的人。總之，領導者和已成為助手的人，應該是相互取長補短的關係。

由此可見，能成為助手的人，必須與領導者的性格相投，必須是能理解領導者感情變化的人，而領導者也能在某種程度上加以自控，相互讓步，才能很好地配合。

(2) 副手要充分體諒領導者

副手也應充分考慮正手的苦衷，還要了解他的性格。誰也不會討厭別人幫助，但幫忙要得體才會收到好效果。即使自己是內行，在提意見時也要措辭適當，不要讓人產生「唯我正確」的感覺。

(3) 惟命是從者，不要用他

這類人對自己的領導者惟命是從，既沒有自己的主見，又沒有自己的風格。沒有現成的模型，他就什麼都做不成。世界上的事物瞬息萬變，他們難以對付新情況和新問題。而且，這種人缺乏遠見，也沒有多少潛力可挖，他的發展受到局限，他一生中難以超越這個局限。

公司的發展在這類人的操作下，難以出現突破性的進展。儘管不少愛慕虛榮的領導者，很願意讓自己成為下屬模仿的對象，但是真正想在事業上有所作為的領導者，是絕不會選這種人作為主管的。

一旦你選定了副手，那麼又如何在無形之中將他們牢牢掌控在自己手中呢？

(1) 提高副手在員工中的威信

人各有缺點，下屬對副手們難免說三道四。對於眾人的議論，需要加以引導，但不能下令禁止。如有人在自己面前議論某副手的短處，千萬不能隨聲附和，自己更不能帶頭議論，否則，副手便無法進

行工作。即使下屬的意見是正確的，也只能先耐心聽取，然後透過與本人交換意見後再予以答覆。對副手們的缺點和不足，要和他們當面交談，在下屬面前則應多講他們的長處。

(2) 了解你的下屬

古語說：「士為知己者死。」不過，要達到這種「知」的境界，那必是第一流的老闆。

要了解下屬，可以從初級到高級進行了解階段的層次劃分。

第一階段：假如你自認為已經了解下屬一切的話，那麼你只是在初級階段而已。

當下屬遭遇困難時，如果你能事先預測他的行動，而給予適當支援的話，算是完成了第二階段。

第三階段是要知人善任，使下屬能在工作中發揮最大的潛力。

總而言之，老闆與下屬彼此之間要有所認識，相互心靈上溝通與默契，尤為重要。

(3) 多進行思想交流

領導者對工作有什麼新的想法，想做什麼，聽到什麼反映，只要不是屬於不該公開的話，都應及時地向副手們說出來。是自己的想法，與他們進行討論；是眾人的意見，與副手們進行交流；看到某人有什麼缺點，及時說明指出，以引起注意。領導者和副手們經常交流思想有助於加深彼此之間的感情。

總之，要與副手在工作上合作得力，要使他們團結在你的周圍，了解他們的缺點，因人而異，委以重任，使他們對公司做出貢獻。

> ★ 對於一個管理者來說，選擇副手也是很重要的，副手得
> 力，那麼公司經營就正常。

第八章

智慧決策，運籌帷幄

1. 決策是領導者管理的靈魂

　　杜拉克說，「不管管理者做什麼，他都是透過決策進行的」、「管理始終是一個決策的過程」。在管理工作中，決策的重要性是大家所公認的，但是現在人們卻把很多注意力都集中在解決問題上，也就是說主要精力都集中在尋找答案上。這種做法是錯誤的。在管理決策上，最常見的毛病就是只強調尋找正確答案，而忽視了要尋找真的問題所在。這種決策只做一些不重要的、日常事務性的決策。但是，真正關係重大的決策卻是策略決策。它所做的是弄清情況，或者改變情況，查明資源，或是了解應該有哪些資源。當管理者就必須做策略決策，而且在管理層次中所處的地位越高，要做的策略決策就越多。

　　決策是管理的核心，而策略決策又是決策的核心。所以，策略決策與諸多的決策的關係，是綱與目的關係。

　　二十世紀初，出任美國貝爾電話公司總裁前的維爾先生，是美國企業歷史上一位不為人所熟知的企業家，但卻是一位最有效率的決策人。他在擔任貝爾公司總裁的近二十年中，非常正確地做出了四項重大決策，從而使該公司成為一個世界上最具規模、成長最快的民營企業。

　　從一開始，維爾就十分清楚這一點：一個電話公司要想自主經營，就必須具有一個突出並且與眾不同的管理方式。因此維爾有了第一個重要觀念：貝爾公司雖是民營企業，但應比任何政府機構都更加關注社會大眾的利益，而且要更為積極。為此，他做出了第一個正確決策：

　　貝爾電話公司必須預測社會大眾的服務需求，並滿足社會大眾的

服務需求。

不久，維爾又提出「本公司以服務為目的」的口號。這一口號在二十世紀初很難為人接受。但是，維爾卻沒有止步於此，他看出了企業應有一項判斷管理者及其工作業績的標準，用以衡量服務的程度，而不是衡量盈利的績效。也就是說，服務的成果應被定為是管理者的責任。公司高層的職責在於整合及調度財源，力求使公司能提供最佳的服務，並能獲得適當的收益。

維爾做出了第二個正確的決策：實施「大眾管制」。維爾認為，一個全國性的電訊事業，絕不能以傳統的「自由」企業來看待，也就是說，絕不能是一種無拘無束的事業。要避免政府的收購，唯一的方法就是「大眾管制」。所以，一項有效的、誠摯的並有原則的「大眾管制」誕生了，它符合貝爾公司的利益，並關係著貝爾公司的存亡。他將這一目標交付於各地區的子公司總經理，責成各子公司努力恢復各管制機構的活力，以期能有公平合理的「大眾管制」來確保大眾利益，同時又能使貝爾公司順利經營。由於得到了貝爾公司的高層管理成員，包括各子公司總經理的支持，所以整個公司都為這一目標而努力。

維爾的第三個正確決策是建立貝爾研究所，並使其成為企業界最成功的科學研究機構之一。這一項決策是以他的一個獨占性民營企業必須自強不息、保持活力的觀念為出發點的。在做這一決策時，他曾經自問：「像貝爾公司這樣的獨占性企業，如何才能永保其雄厚的競爭力？」當然，他所謂「競爭力」，並不是通常在有同業競爭情況下的競爭力，而是一個獨占性的企業如果缺乏競爭力，就將停滯不前，不能進一步成長和革新的核心能力。

　　一九二〇年代初，維爾做出了他的第四項正確決策：開創一個資金市場，這項決策的制訂，著眼點依然是確保貝爾公司能夠以民營形態繼續生存。

　　許多企業之所以被政府接管，大都是由於無法取得其所需的資金。在一八六〇至一九二〇年間，歐洲的許多鐵路公司都由政府接管了，主要也是由於這一原因。第一次世界大戰後的通貨膨脹期間，歐洲大陸的許多電力公司也是以同樣的原因被政府接管的。當時各公司在貨幣貶值的情勢下，不能提高電費，結果不少公司雖有心改善經營，卻無法籌措足夠的資金。

　　維爾在做這項決策時，了解到貝爾公司需要大量資金的供應，而這些資金又不能從當時的資金市場獲取。他的構想是發行一種「AT&T」（美國電話電報公司）普通股。他設計的這種股票，與當時的投機性股票完全不同。其設計著眼於社會大眾，尤其是當時新興的所謂「莎莉姑媽」的中產階層的主婦。「莎莉姑媽」手頭擁有大量的資金，卻苦於找不到出路，擔不起風險。而維爾設計的 AT&T 普通股，不僅能享有資產增值，還可免受通貨膨脹的威脅，很受一些「莎莉姑媽」的青睞。嚴格說來，當時「莎莉姑媽」型的投資人還沒有完全形成，那些擁有資金購股能力的中產階層才剛剛出現。他們大多仍沿襲傳統的習慣：將餘錢都存入銀行或購買保險。只有那些勇於冒風險者才用於投機股票市場。當然，這並不是說維爾「創造」了「莎莉姑媽」。他只是誘導當時的「莎莉姑媽」成為投資人，動員她們的儲蓄，這樣做不僅符合她們的利益，同時也符合貝爾公司的利益。正是由於他的這一設計，才使得貝爾公司在近五十年來，一直擁有充裕的資金來源。直至今日，AT&T 普通股仍是美國和加拿大中產階層投資

的對象。

維爾的四項決策都與當時一般人的想法不同，但正是這四項正確決策使貝爾公司獲得了巨大的成功。

日本著名企業管理學家土光敏夫說過這樣一句話，「決策是不能由多數人來作出的，多數人的意見只能聽聽，但真正作出判斷的卻只能是一個人。」這就說明個人決策在選優方案中的重要作用，個人決策其特點是決策迅速、責任明確，而且能夠充分發揮企業中個人的主觀能動性，雖然個人決策似乎過於武斷，但實際上世界上有許多企業的發展都是由個人決策創造的，正是由於個人決策的準確性，才使得企業效益獲得質的提升，甚至能把一個瀕臨垂危的企業救活。

> ★　一個正確的決策能使團隊起死回生，而一個錯誤、不切實際的決策會使團隊瀕於破產。領導者需要在長期的經驗累積過程中，培養自己遠見卓識的決策能力。

2. 決策不能急於求成

企業決策也要有輕重緩急。這是企業管理者應當掌握的問題。一個企業無論如何簡單，無論管理如何有序，企業中有待完成的工作總是遠遠多於用現有的資源所能做的事情。

因此，企業必須要有輕重緩急的決策，否則就將一事無成。而企業對自己的所知，對自己的經濟特點，長處與短處，機會與需要的決策分析，恰恰也就反映在這些決定之中。

懂得輕重緩急的決策將良好的想法轉化為有效的承諾，將遠見卓識轉化成實際行動。輕重緩急的決策展現了企業管理者的遠見和認真

的程度，決定了企業的基本行為和策略。

美國決策大師皮爾斯・卡特有一句名言：「決策的最佳時機並不僅僅是快速，而應適速。」

二戰中，一九四〇年十一月十四日，英國考文垂遭到德國飛機的狂轟濫炸。在遭轟炸之前四十八小時，英國的「超級機密」密碼機已經破譯出了德軍的轟炸計畫，如果及時採取措施，就可以使考文垂市免遭慘重的損失。但那樣一來，勢必暴露「超級機密」密碼機。為此，英國首相邱吉爾咬牙忍痛未發出防空警報。後來，在保衛英倫三島的長期作戰中，密碼機提供的情報所帶來的利益，遠遠超過了考文垂市。

減少損失，獲取最大利益，是每一位決策者的主觀願望，然而利與害的關係總是緊密關聯的。所以孫子講，「智者之慮，必雜於利害」、「塞翁失馬，焉知非福」。因此，領導者在制定計畫，採取措施時一定要考慮有利和有害兩方面，在利思害，在害思利，方可減少管理的盲目性。

鋼鐵業巨頭肯・埃佛森有過一段精闢的論述：「從哈佛取得工商管理碩士可以說是不錯的了，可是他們所作的決策有 40% 都是錯誤的。最糟糕的領導者做出的決斷則有 60% 是錯誤的。」在埃佛森看來，最好的和最糟的之間只有 20% 的差距。即使經常出現差錯，但也不能因此就迴避做出任何決策。埃佛森認為，「管理人員的職責就是做出種種決策。不做決策，也就無所謂管理。管理人員應該建立起一種強烈的自尊心，積極地敦促自己少犯錯誤。」如果掌握了正確的思路，領導者們完全可以把錯誤率降低。正確的思路即是對決策的輕重緩急做到心中有數。處理棘手的問題一定要格外謹慎。

　　所以說，一個公司無論如何簡單，管理如何有序，公司有待完成的工作總是遠遠多於用現有的資源所能做的事情，因此作為領導者的你必須要分清輕重緩急，否則很可能一事無成。而你對公司的了解，以及做出的決策分析，恰恰也就反映在這些輕重緩急的決定之中。

　　決策是一種決斷，需要膽識和魄力。決策力是領導者制定和實施決策的能力，是工作的基本和核心能力。作為一個領導者，在做決策時一定要慎之又慎，既要統籌兼顧，考慮周全，又要善謀長遠，前瞻思考；既要分清輕重緩急，找準矛盾主次，又要注重決策效率，提高決策效果。特別是關鍵時候，要把得準、看得透，勇於當機立斷，切忌優柔寡斷，貽誤發展良機。決策最忌面面俱到，面面顧不上。

> ★ 決策本身既是一件必須工作，也是一件彈性工作，但不能眉毛鬍子一把抓，更不能固執行事，應該輕者當緩，重者當急，關鍵決策，由於和公司生死攸關，更是一刻也不能忽視。

3. 決策要科學

　　管理理論中把行動之前作出行動的決定稱為決策。也就是說，決策是決策者經過各種考慮和比較之後，對應當做什麼和應當怎麼做所作的決定。任何單位的管理工作中，都經常存在各式各樣的問題，需要研究對策，決定採取合適的措施加以解決，這個過程就是決策過程。

　　而所謂科學決策，就是在企業經營活動中，根據客觀可能性，運用科學的方法，在多種經營方案中，選擇最合理、最有效的方案，並

按這種方案進行經營管理活動，以達到最佳化目標。

　　領導者的責任歸納出來主要是兩件事：出主意和用幹部。所謂出主意就是制定大方針和具體工作計畫，以及從各種有價值的方案中進行選擇等。這本身就是決策問題。至於用幹部，就是確定用什麼樣的人，給他們分配什麼樣的工作。這同樣需要領導者作出決策。因此，一個領導者不懂得或者不善於進行科學決策，就無法履行和完成管理作業中的其他各項職責。所以，決策必須講究科學性，否則就會遭到失敗。這個方面的教訓有很多。

　　巨人集團興建巨人大廈時從十八層一直加到七十層，投資額由起初的兩億人民幣一直增加到十二億人民幣。這一系列決策的變化完全是憑史玉柱的個人感覺做出的。

　　史玉柱認為，建大廈應主要依靠自有資金，他設定的籌資方案為：自籌三分之一，賣預售屋籌三分之一，向銀行貸三分之一。實際上，到巨人集團發生危機時，主要是用自籌資金和賣預售屋所得，未向銀行借一分錢。那麼，巨人大廈是怎樣把巨人集團拖入一場災難的呢？

　　大廈由五十四層加高到六十四層時，史玉柱決策的依據只是設計單位的一句話：「由五十四層加到六十四層對下面基礎影響不大。」當決定由六十四層加高到七十層時也未經過嚴密的論證，只是憑感覺認為應該沒問題。結果施工時，發現巨人大廈處在三條斷裂帶上，為解決斷裂帶積水，大廈支柱必須穿越四十至五十公尺的沙土而達到岩石層，再打進岩石層三十公尺。如此一來，便多投資了三千多萬元人民幣，使建築工程耽誤了十個月（其間地基被水兩度淹沒）。

　　由於未料到地基出了問題，當七十層的地基打完時，所籌預售

款項已經用盡，巨人想從銀行借貸，但當時的銀行對巨人集團過於吝嗇。巨人集團只好從生物工程方面抽取資金，到一九九六年六月，共從生物工程方面抽取六千萬元資金，其中在五月份是抽取最多的一個月，當月各子公司共交來了毛利兩千七百五十萬元人民幣，史玉柱把淨留下來的八百五十萬元人民幣資金全部投入到巨人大廈的建設中。

由於過量抽血，使得維持生物工程正常運作的基本費用和廣告費用無法到位，生物工程這個產業開始萎縮。到一九九六年七月以後，保健食品銷量急劇下降。史玉柱發動了一場秋季攻勢，力圖挽救頹勢，也未奏效。

巨人大廈抽乾了巨人產業的血，當生物工程一度停產時，巨人大廈終於斷了資金供給不得不停工，一場危機就全面爆發了。

巨人大廈建設過程中的決策看來就像場兒戲，對資金籌措缺乏周詳的考慮，施工前也沒有一個完整的可行性方案。巨人集團給所有同行上了太慘烈的一課。

杜拉克認為，企業的建立及經營，首先必須設定綱領性的基本理念，而其中首先的內容便應是關於企業宗旨和使命的設想。他說，「每一位偉人的企業創始人都有一套關於本企業的明確理念，從而指引他的行動與決策。真正成功的管理者進行策略決策，都必須有一套明確、簡要及深刻而科學的理論，而非僅憑其直覺來決策。」

那麼，如何決策才是科學的呢？

一般情況下，科學的、正確的個人決策具有下述特點：

（1）　不是出自於自己的妄想，而是出於實際需要的考慮。

（2）　是對市場詳細考察的結果，而不是個人主觀意志的隨意流露。

(3)　表面上看起來是企業主管的思想表現，實際上代表著大多數人的利益。

(4)　一名優秀的企業主管在提出個人決策時，恰好是能夠從長遠角度反映企業利益的。

(5)　富有遠見性、長久性，能確切地指出企業存在的問題，點明企業的出路。

(6)　是企業生存和發展的有效制度，而不是空頭支票。

只有符合上述特點的個人決策，才是正確的個人決策；也只有這樣的個人決策才是企業的靈魂，才是企業發展的指南針。所以領導者雖然要注重決策的民主性，但更要會作「個人決策」。

對於一個企業來說，決策是第一位的關鍵。決策失誤，縱使再追加上些許輔助方案，也無法扭轉被動狀況，甚至還會造成重大的損失或經營的失敗。反之，如果經營決策科學正確，就會極大地提高管理效果，取得良好的業績。

> ★ 沒有決策，就沒有行動，當然也不會產生任何效果。但是，沒有科學的決策，則會導致無效的或者是錯誤的行動，最後也只會徒勞無益。

4. 決策關乎企業存亡

決策是現代企業經營的基本職能，決策貫徹於企業全部經營管理活動之中，它直接影響企業的興衰與存亡、成敗與發展。

「決策」簡單地說是在行動之前選擇行動的方案並做出相應的決定，「決策」也就是人們通常所說的「拍板」。

「決策」古已有之。如，針對劉備三顧茅廬，諸葛亮作「隆中對」，提出了三分天下的方案；朱元璋採納「廣積糧、高築牆、緩稱王」的建議，最終建立了自己的大明王朝。而「隆中對」，「廣積糧、高築牆、緩稱王」等則屬於有遠見的策略性決策。李冰父子設計都江堰水利工程等，既有工程設計，又有決策運籌於其中。

自古就有「運籌帷幄之中，決勝千里之外」的說法。它既指出了決策對「成敗」的至關重要性，又意味著做決策就免不了每時每刻都要在「正確」與「錯誤」之間作出選擇。

那麼，如何才能正確決策呢？

第一，要有一個既定的經營管理目標，沒有目標就無從決策。

第二，決策時必須有兩種以上的方案供選擇，一個方案無從選擇，沒有選擇便無從比較優劣。

第三，決策的目的是要在確定的條件下尋找最佳目標和最佳化地達到目標的途徑，決策是為了追求最佳化。

第四，決策是為了付諸實施的，並應準備在實施中依據條件的新變化進行修正，不準備實施的決策也是沒有意義的。

第五，要有決斷的能力。如果你想發展你的決斷能力，那你就必須有勇氣，還得有真才實學。你必須善於研究和分析問題，抓住事物的本質，你必須對當時的形勢做出迅速而準確的評價，只有這樣，你才可能做出正確、明智、及時的決策來。

第六，要學會安排工作的先後順序。當你知道什麼工作可以由別人來做的時候，你就可以把它們分配出去，不要再去費心考慮它們。對於那些剩下來的必須由你本人親自處理的事情，你也得分出主次和先後。

美國著名管理大師赫伯·西蒙認為：「決策是管理的心臟；管理是由一系列決策組成的；管理就是一系列決策過程。」正確的決策來源於對事實真相的準確掌握，而不是在一些「雞毛蒜皮」的事兒上耽誤工夫。美國著名管理學家彼得·凱金說：「糊裡糊塗地決策，只能糊裡糊塗地完蛋！」

所以，做決策一定要正確。

決策直接影響企業的興衰與存亡、成敗與發展。

5. 管理本質就是決策

韓非講過這樣一句話，「疑也者，誠疑，以為可者半，以為不可者半」（《韓非子·內儲說上·七術》）。這是韓非在兩千年前所說的，很有思辨性也很令人玩味的一句話，韓非此話來自這樣一個故事：

魏國的君臣們在共商魏國應採取的對外方針。張儀主張魏國應與秦國、韓國聯合進攻齊、楚兩國；而惠施則主張魏應與齊、楚國團結起來，兩位臣子為此事爭論不休。群臣都傾向於前種意見替張儀說話，認為聯秦、韓攻齊、楚有利，沒有人支持惠施的意見。最後，魏王採納了張儀的建議，攻打齊、楚的事便這樣定了下來。惠施則堅持自己的意見，他進宮面諫魏王，魏王說：「先生不必說了，攻打齊、楚國是件有利之事，全國都是這樣認為的。」惠施說：「攻打齊、楚國如果真有利，全國的人都能看到這一點，難道國中聰明的人竟這樣多嗎？如果攻打齊、楚的事不利，全國的人都認為有利，為什麼愚蠢的人這樣多呢？凡謀劃中的事，都是有半可半不可兩種可能性。現在全國的人都說聯秦韓而攻齊、楚有利這只是事物的一半，但不應該固執偏見而看不到另一半可能性。」

上面韓非所講的故事，實際上就是魏王面臨了兩種選擇，一是聽從張儀的主張，實行魏與秦、韓國聯合一起出兵攻打齊、楚國；一是採納惠施的建議，實行魏與齊、楚的聯合。魏王必須在二者間做出決策。

這裡涉及的實際上是個決策問題。

美國學者馬文曾經做過一個調查。他向一些企業的高層管理者提出如下三個問題，每天花費時間最多的是哪些方面？每天最重要的事情是什麼？在履行職責時感到最困難的是什麼？

絕大多數人的回答是兩個字：決策。

然而，對於一個公司來說，管理的本質就是決策，因此，決策並不是一件簡單或者說一蹴而就的事情。

下面讓我們一起來看一看一個科學的決策過程到底必須做哪些事。

決策的直接依據是研究的最後結論。

研究結論的直接依據是調查所得的真實狀態和資料。

調查的直接依據是調查提綱。

調查提綱的直接依據是該專案的充分必要條件。

認定該專案的充分必要條件的直接依據，是對構成該專案各要素現狀的分析。

從這些必須做的事情上看，如果決策過程是科學的，那麼決策者就必須具備調查研究能力、分析判斷能力和決策魄力。換句話認為，老闆的決策能力是由以上這三種能力構成的。

讓我們再分析一下這三種能力的構成：

調查研究能力的核心是求實態度。

分析判斷能力的核心是邏輯思維。

決策魄力的核心是展現決策者綜合實力的自信。

應該認為這三個核心都非常重要，但是前兩個核心最後都要凝結在第三個核心 —— 自信上。因為前二者為自信提供了思維方法和實踐方法上的支撐，使得我們層層剝開的這個核心的核心立足在科學的基礎上。

正如美國蘭德公司所說的，世界上每一百家破產倒閉的大企業中，85% 是因為企業管理者的決策不慎造成的。所以說，管理的本質就是決策，決策決定企業發展。

★　管理的本質就是決策，決策決定企業發展。

6. 精心謀略，果斷決策

《孫子兵法》說：「兵者，國之大事也。死生之地，存亡之道，不可不察也。」

也就是說，戰爭之所以是國家的大事，是因為軍隊之間的生死搏鬥直接影響軍民的生死、國家的存亡。因此，對待可能遭到的鄰國侵略，務必未雨綢繆，早做準備。如果要遠征他地，一定要在兵力、物力、財力上進行精密的籌畫，做到「知己知彼，百戰不殆」。另一方面戰爭有正義戰爭和非正義戰爭之分，「得道多助，失道寡助」，因此在用兵之前，一定要認真考慮研究，絕不可以草率用兵。古代謀略家非常注重決策。戰國時期，齊威王同田忌賽馬賭勝。由於田忌決策不當，屢賽屢敗。後來，精通兵法的孫臏充當田忌的參謀，結果使田忌反敗為勝，傳為千古佳話。

俗話說：「商場如戰場。」企業之間你死我活的競爭，需要領導企業的決策者將決定企業生存發展的策略放在最重要的地位來考慮、研究，要慎重地確定經營的方式和手段，掌握市場競爭的主動權，使自己立於不敗之地。

決策方法是否科學，它不僅影響決策品質，而且也影響到決策能否順利實施，所以決策方法對於決策行動至關重要。我們要對所做的事精心研究，制定決策。

決策就是決定，策略決策是對事關全域的工作目標做出決定，然後圍繞工作目標提出若干行動方案，最後選擇一個最佳方案。

策略決策是先於事實的科學預見，它必須全面吸取歷史的經驗教訓，正確掌握現在的情況，才能科學地預見事物未來的發展。

策略決策是商戰的本質和靈魂，是商戰勝利或失敗的關鍵，商戰中的策略決策可分以下幾個階段：

第一階段：根據市場競爭的主觀與客觀條件，提出需要解決的主題問題，確定奮鬥的工作目標。

第二階段：圍繞工作目標，全面深入地收集有關商戰的資訊和情況。

第三階段：認真研究和分析商戰的資訊和情況，擬定出各種準備加以選擇的行動方案。

第四階段：對各個準備選擇的行動方案進行可行論證，並詳細比較各自的優點、缺點，論證其利弊得失，最後從中確定一個最佳的行動方案。

第五階段：在商戰中貫徹執行最優的行動方案也不能一成不變，而要根據主客觀情況的發展變化隨時對方案相應地加以修改和訂正。

> ★ 決策者必須遵循一定的決策法則，此外，在決策中還必須
> 精心謀略，果斷決策。

7. 管子的決策七法

　　管子十分注重謀略的研究。謀略的運用必然涉及決策。管子認為決策過程有法可依，決策者必須遵循一定的決策法則。他提出了決策中必須掌握的則、象、法、化、決塞、心術、計數等七項具體方法。

　　什麼叫「則」呢？管子說：「本天地之氣，寒暑之和，水土之性，人民鳥獸草木之生，物雖甚多，皆有均焉，而未嘗變也，謂之則。」他的意思是：基於宇宙萬物的本原，寒暑的變化，水土的性能而產生人類、鳥獸、草木。物類雖然很多，但它們的產生都有一定的法則，這就叫做則。簡言之，就是要懂得事物發展的規律，按規律辦事。

　　什麼叫「象」呢？管子說：「義也，名也，時也，似也，類也，比也，謂之象。」意思是：儀式，名號，季節，類似，種類，比喻，狀態，這就叫做象。換言之，就是要了解事物變化過程中的各種具體狀況。

　　什麼叫「法」呢？管子說：「尺寸也，繩墨也，規矩也，衡石也，斗斛也，角量也，謂之法。」或者說，法就是指尺寸、繩墨、規矩、秤石、斗斛、平量之器。意思是說要懂得行為的規範。

　　什麼叫「化」呢？管子說：「漸也，順也，靡也，久也，服也，習也，謂之化。」也就是說，漸進、順應、觀摩、薰陶、服從、習慣，這就叫做化。也就是要懂得教化的作用。

　　什麼叫「決塞」呢？管子說：「予奪也，險易也，利害也，難易

也，開閉也，殺生也，謂之決塞。」換言之，或予或奪，或險或夷，或利或害，或難或易，或開或閉，或殺或生，這就叫做決塞。所以決塞就是要懂得控制的方法。

什麼叫「心術」呢？管子說：「實也，誠也，厚也，施也，度也，恕也，謂之心術。」也就是說，信實、忠誠、寬厚、施捨、氣度、寬恕，這就叫做心術。心術就是要懂得處事的手段。

什麼叫「計數」呢？管子說：「剛柔也，輕重也，大小也，實虛也，遠近也，多少也，謂之計數。」換句話說，是剛是柔，是輕是重，是大是小，是實是虛，是遠是近，是多是少，這叫做計數。計數，就是要懂得舉大事的謀略。

決策方法是否科學，它不僅影響決策品質，而且也影響到決策能否順利實施，所以決策方法對於決策行動至關重要。

關於「則」的作用，管子說：「錯儀畫制，不知則不可。」也就是說，制定規劃體制，不能不知道事物的法則。不懂得事物的法則，而要發號施令，這如同用不穩定的陶輪來測定東西方向，搖動竹竿而想使竹梢不動一樣。即所謂「不明於則，而欲出號令，猶立朝夕於運均之上，檐竿而欲定其末。」

關於「象」的作用，管子說：「論材審用，不知象不可。」換句話說，就是量才用人，不能不知道具體情況。不了解具體情況，而要量才用人，這如同長材短用，短材長用一樣。即所謂「不明於象，而欲論材審用，猶絕長以為短，續短以為長。」

關於「法」的作用，管子說：「和民一眾，不知法不可。」這就是說，治理百姓和統一民眾的行動，不能不知道行為的規範。不懂得行為的規範，而要統治百姓和統一民眾的行動，這如同用左手作書而閒

著右手一樣。即所謂「不明於法，而欲治民一眾，猶左書而右息之。」

關於「化」的作用，管子說：「變俗易教，不知化不可。」這就是說，移風易俗，不能不知道教化的作用。不懂得教化的作用，而要移風易俗，這如同早晨才製造車輪，而晚上就想乘車一樣。即所謂：「不明於化，而欲變俗易教，猶朝揉輪而夕欲乘車。」

關於「決塞」的作用，管子說：「驅眾移民，不知決塞不可。」其意是驅使和調動民眾，不能不知道開放和封閉的方法（即鬆和緊的方法）。不懂得開放和封閉的方法，而要驅使和調動民眾，這如同「使水逆流」。

關於「心術」的作用，管子說：「布令必行，不知心術不可。」這就是說，要使法令保證貫徹，不能不掌握統治百姓的手段。懂得統治百姓的手段，而要百姓貫徹法令，這如同背著箭射箭，而定要射中目標一樣。即所謂「不明心術，而欲行令於人，猶倍招而必拘之。」

關於「計數」的作用，管子說：「舉事必成，不知計數不可。」換句話說，要想事業保證成功，不能不知道謀略的重要。不懂得謀略的重要，而要成就大業，這如同沒有船隻，而要度過水險一樣困難，即所謂「不明計數，而欲舉大事，猶無舟楫而欲經水險也。」

管子提到的決策方法內容十分廣泛，許多仍可為今天管理者經營決策提供借鑑。

> ★ 管子認為決策「七法」中的任何一項，都含有它自身的特殊的功能，都涉及決策的行動。

8. 領導者要有果斷的決策魄力

　　有一位企業家，隨著事業發展，手下員工日漸增多。人多嘴雜，想法也變多了，遇事必爭個高下。時間一長導致這位企業家不知聽誰的好，根本無法形成決策，企業運行也陷入癱瘓。他懷疑自己無能，不敢見人，整日閉門看報學經營。這日，見報上介紹了一個新產品，名曰「決策機」，他便立即買來一臺，並嚴格按照使用說明進行操作。從此，凡有需決策之事，他便進小黑屋叮叮噹噹按幾下機器，機器即刻答覆「行」或「不行」。手下人不知道這件事，直誇老闆變得果斷英明。一日，企業慶功，他酒後吐真言，英明者乃「決策機」也。手下大喜，既如此，我們何不把這個英明的鋼鐵火夥伴拆開來研究一下，仿製了來賣？說做就做，切割機開始工作，切開一層又一層，厚厚的彩色鋼板終於被切開，核心部件露出真面目，結果是一枚硬幣，這枚硬幣一面寫著 YES（行），另一面寫著 NO（不行）……

　　其實，作為一個領導者在管理一個企業時，在需要做決策的時候，很多時候，必是「行」與「不行」兩種可能。

　　面對眼前發生的變化，作為公司的決策者，你要拿出自己的勇氣，迅速地做出正確決策，不可左右搖擺。

　　歷史上有名的「鴻門宴」的故事，就給我們留下了一個永遠的警戒。劉邦的花言巧語把項羽弄暈了，使得他最終不肯下除掉劉邦的決心，劉邦本來是羊進虎口，但由於項羽的左右搖擺不定，結果劉邦全身而退。劉邦脫險後，積極發展人力，籠絡人心，招兵買馬，很快就與項羽展開了楚漢之爭，結果項羽兵敗垓下，自刎烏江，為此留下千古遺恨。

可見，作為決策者，在制定決策時一定要有魄力。果斷決策堪稱上策。

當然，在正常情況下，決策一般應按正常程序進行，做好預測、論證和試點，使成功的機會更大、成果更輝煌。但是由於社會政治、經濟活動的複雜性和多變性，常常會發生一些突如其來的事情，要求馬上做出決策。這時，領導者稍一遲緩，優柔寡斷，就容易延誤時機，造成損失。在這種情況下，就不能按部就班，四平八穩地進行論證和試點了，這就要求領導者在有限的時間內，發揮自己的應變能力，根據盡可能搜集到的有限資訊和領導者自己的判斷，立即做出反應，果斷的做出決策，並迅速付諸實踐。

不僅如此，作為領導者，在果斷制定決策的時候還要擁有堅定的決心，決定一旦下達，就不要輕易更改。

一個政策朝令夕改，它就缺乏權威性，下屬就會感到無所適從，使原本該辦的事半途而廢。

一個新政策出臺，一項新決定的執行，必須要涉及到一部分人的利益，引起少數人的不滿，甚至反對。對此，領導者要頭腦清醒，決心堅定，措施得當，保證決定的貫徹。

首先，要求領導者具有良好的心理強度，遇事沉著，有主見；

其次，要認真客觀地分析各方面意見，看其是否合理，做好有說服力的解釋宣傳工作；

再次，對合理的建議要認真聽取，擇善而從之，防止固執己見，造成失誤。對不合理的意見態度要鮮明，將已做出的決策堅定地執行。

所以說，什麼時候制定決斷，這對於一個決策者來說是非常重要

的前提條件。條件不成熟的時候，就做出決策，這是十分不明智的行為，而條件成熟了，卻又猶豫不決，而這也是愚蠢的行為，此時你的優勢將會變為劣勢。

及時決策，既意味著效益，也意味著市場機遇。現代決策，要求領導者抓住時機，不允許有絲毫怠慢。這是因為，現代化大生產客觀上使得市場競爭日趨激烈，社會節奏明顯加快，市場環境變化無常，拖延決策，延誤時機，會使企業單位本身的問題變得更加嚴峻，而且還會有新的矛盾產生，使單位原先具有的優勢變為劣勢，從而使決策失效。決策的及時性，主要強調的就是要抓住決策的時機。所謂時機，是指時間、轉機、機會等。從時間機遇來看，各種因素、勢態、機遇都處於稍縱即逝的變動之中。在決策過程中，掌握時機、隨機決斷就是時機一旦成熟，應當機立斷，果斷地決策，切不可優柔寡斷，當斷不斷。

> ★ 面對眼前發生的變化，作為公司的決策者，你要拿出自己的勇氣，迅速地做出正確決策，不可左右搖擺。

9. 決策要大膽

這裡所說的風險決策，是廣義的風險決策，泛指那些沒有完全的成功把握，實施後有失敗風險的決策。風險決策的主要特徵，就是有成功與失敗兩種可能，決策者要冒失敗的風險。然而這只是問題的一個方面。另一個方面，就是一旦成功，決策者及其組織會獲得很大的利益。可見，風險大，利益也大，風險與利益共存。

現代日本一位經驗豐富的企業家說過：「風險與利益的大小是成

正比的，如果風險小，許多人都會去追求這種機會，因此利益也不會太大；如果風險大，許多人就會望而卻步，所以能得到的利益也就大些。」因此，決策雖有風險，但更有利益，為了組織的利益，理應敢冒風險，果斷決策。

有些時候，無情的客觀現實會逼迫決策者冒險。當組織處於困難處境時，往往有這種情形，就是實施風險決策，就能生存乃至發展，不敢冒風險，就會愈發困難甚至滅亡。現實生活中有不少企業，因為產品陳舊落後，找不到銷路，財源枯竭，員工領不到薪資。如果豁出去，採用集資、借貸等形式開發一種或先進而又有足夠市場的產品，企業就能死而復生。如果因為怕這怕那，不肯做出風險決策，那麼企業必定要倒閉，這是被無數的事實反覆證明的。

許多看似不冒風險的決策，實際上是在冒更大的風險，這就是風險決策的辯證法。當今一些企業的決策者，不懂這個辯證法，往往滿足於眼下的產品暢銷，而不想冒點風險去開發更為先進的產品。須知盛極必衰，老產品終有滯銷的一天。當前不冒小風險，卻會給將來帶來大風險。風險決策需要膽量和魄力才能做出，但在實施時，則需要仔細小心，只有這樣，才能使成功的希望不斷增多，直到最後如願以償。

在現代經濟領域形勢日益複雜，競爭日趨激烈的情況下，指望不冒半點風險就能摘取豐碩的成果是不可能的。決策者不能懼怕和迴避風險決策，這是毫無疑義的。但話說回來，風險決策畢竟有失敗的可能，不能胡亂拍板。冒風險，一是要不得不冒的風險，二是要值得一冒的風險，三是要成功的可能性大於失敗的可能性的風險。必敗無疑的風險，無謂的風險，能夠避開而又不至於釀成更大風險的風險，是

絕對不能冒的。

日本 DC 公司所冒的風險是值得的，公司面臨破產的威脅，產品滯銷，如果低價出售，公司就會元氣大傷，一蹶不振；如果銷不出去，公司的資金就無法周轉。公司經理山本村佑的心裡十分矛盾。

一天，美國一家公司要買 DC 公司的產品，付的是最低的價格。山本村佑在談判桌上擺了一個空城計：他一點不露聲色，以靜制動。中間，他叫人去詢問，去韓國的飛機票買好了沒有示意他明天就要去韓國，要談一筆大生意，表現出對美方這樁生意興趣不大，成不成對他無所謂的樣子。

對山本村佑這種淡漠超然的態度，美方代表是丈二和尚摸不著頭腦，還是以原價買下了這批貨。DC 公司得救了，人們都稱讚山本「每臨大事有靜氣」。

有些時候，無情的客觀現實會逼迫決策者冒險。所以作為決策者不能懼怕和迴避風險決策，這就要求我們看準情況，該決策就決策。

★ 風險大，利益也大，風險與利益共存。

10. 統籌全域，做好預測

預測是策略管理的重要內容，也是制定策略規劃和推進策略實施的重要前提和手段。預測水準的高低直接影響策略的成功與失敗。

預測是根據過去和現在的已知情況，對事物或事件的未來行為和狀態進行的估計與推測。就管理活動而言，預測是決策的基礎，每當一項決策做出之前，先期對組織內外形勢的發展，進行一番全面的推斷和估測，然後在此基礎上確定決策目標和方案。或者在產生了某種

打算之後，根據組織自身的狀況和外部條件，先對這種打算是否能夠實現及其可能帶來的影響進行周到、細緻的推測和估計，然後正式決定。這無疑有利於保證決策的正確和可行。如果沒有這種預測活動，那麼決策就會是盲目的，盲目決策大多數是錯誤的。即便成功，也屬僥倖。正所謂「登高遠眺」，看得遠才能走得遠。

所以，領導者要有既能高瞻遠矚，又能明察秋毫的能力。

「百智之首，知人為上；百謀之尊，知時為先；預知成敗，功業可立。」這是成為一名領導者的首要條件。

所謂知人，就是善於了解人，有知人之明。

所謂知時，就是善於洞察世事，能夠掌握做出決斷的條件。

所謂知成敗，就是能夠根據上述兩個方面，對軍事、政治等各個方面的發展變化做出預測，並同時為取得最好結果而積極準備。

《孫子兵法》裡有這樣一段著名的話：「知己知彼，百戰不殆；不知彼而知己，一勝一負；不知彼，不知己，每戰必敗。」這可謂是古往今來戰爭經驗的總結。

「知彼」的情形十分複雜，包括對對方的將帥、士氣、作戰能力、所處形勢等所有方面的綜合了解。

如果說「知彼」難的話，「知己」就更難，所謂「當局者迷」，人們往往很難對自己做出客觀的了解和評價。如果既能客觀地評價自我又能全面地了解對手，那麼就會無往而不勝。

但在「知彼」的諸多方面中，了解彼方主帥的性格、謀略、為人心態、志向等因素恐怕是十分重要的也是首要的。只要能吃透對手，對他的意圖了然於胸，那主動權也就牢牢在握。

歷史上有很多著名的政治家，他們往往有如神算。實際上，他

們也是平凡普通的，只不過善於根據社會形勢、人事去分析得失成敗以及各種力量的對比發展。所以，高瞻遠矚就成了統治者必不可少的特質。

漢代桓譚《新論・見徵》中記載：有位客人到某人家裡做客，看見人家的灶上煙囪是直的，鍋灶旁邊又有很多木柴。客人告訴主人說，煙囪應該改成彎曲的，木柴則必須移走才好，否則將來可能會引起火災，主人聽到了卻沒有做任何表示。

不久主人家裡果然失火，四周的鄰居趕快跑來救火，最後火終於被撲滅了，於是主人烹羊宰牛，宴請四鄰，以酬謝他們救火的功勞，但是卻並沒有請當初建議他將木柴移走，煙囪改曲的人。

有人對主人說：「如果當初聽了那位先生的話，今天也不用準備筵席，而且沒有火災的損失，現在論功行賞，原先給你建議的人沒有被感恩，而救火的人卻是座上客，真是很奇怪的事呀！」

主人頓時省悟，趕快去邀請當初給予建議的那個客人來吃酒。

這個例子達到了預測的結局。這是一種主動性極強的預測，能夠進行這種預測的人，一般來說都能取得成功。

相對來講，預測成敗並具體操作，要比單純的知人和知時要困難多了，因為它是一項「綜合工程」，需要有統觀全域的能力。

洞若觀火的政治預測，歷來被傳統智謀視為較高的境界。因為政治預測要比軍事預測複雜得多。政治預測是包括軍事因素、經濟因素、政治文化和人事因素等諸種社會因素的一種綜合預測，其內容包羅萬象，其關係錯綜糾葛，若有一處考慮不到，就會產生重大的失誤。

由此可見政治預測並不簡單，能從紛繁複雜的資訊中窺見端倪，

需要大學問也需要大智慧。能夠成功的人，已不是一般的政治家，而是能成大事的政治家！

　　現實生活中，並不需要我們去預測什麼政治、軍事大局，但是作為領導者卻需要好好預測一下，及時掌握各種有關的資訊，以便調整自己的經營方針。總之，如果你希望企業能順利度過危險，作為領導者的你就需要具有統觀全域、謀劃整體的能力。

　　預測作為人們預知未來的基礎，其主要的功能就是正確掌握對策略有重大影響力作用的未來的不確定因素，為策略決策提供有關資訊、資料以及可行性方案。

　　預測就是根據一定事物的運動和變化規律，用科學的方法和手段，對這一事物未來發展趨勢和未來轉向進行分析，做出定性或定量的評價。

　　企業要想生存和發展，就必須具有市場競爭力，這就需要我們對未來的競爭形式做出準確的判斷。因此，我們必須能夠進行科學的預測，並在預測的基礎上做出正確的判斷和假設，之後，我們就可以採取更加有力的策略行動計畫。否則，競爭就可能失敗。

　　因此，作為企業的經營者，要高度重視預測工作，事先準備充分，在策略預測的基礎上，制定符合客觀實際及其發展變化的策略規劃，努力推行，以取得策略管理的最終成功。

★　看得遠，才能走得遠；走得遠，才能做得遠。

第九章
左右逢源，心通百通

1. 及時入手，靈活處理衝突

在一個組織中，每一個員工都有著不同的興趣、愛好與價值準則，這也正是你的組織能如此富有活力，充滿生氣的原因所在。有人也將組織比喻成一個大熔爐，從四面八方加入到其中的人們，不僅帶來進行生產所必須的技術知識與人力，也帶來各樣的處事方法、辦事態度與行動原則，他們使你的組織在融百家之長的同時，也出現了「水」與「油」不可相溶的現象。

當然，在企業內部，下屬之間發生某些衝突，這是難免的。如果衝突雙方能夠自我調整，協商解決問題，那是很好的結果。但這種可能性並不是很大，因為人在十分生氣的情況下是很難做到克制自己，認真剖析自己，客觀看待事情的，結果導致雙方面紅耳赤，誰也不願意讓步。這個時候，就需要領導者的介入，領導者一旦介入，就要盡快將衝突解決掉，不要將衝突延續下去。

這裡需要注意下面的問題。

(1) 公平原則

無論處理什麼樣的衝突，這條原則是你辦事的準則，你對衝突雙方一定要公正，不能有偏袒。偏袒只會使衝突激化，而且還可能產生衝突移位，衝突的一方很可能會把矛頭移向你，使人際矛盾擴大，衝突趨於複雜。

(2) 不可過於上綱上線

處理人際衝突最忌諱的就是拿出法規、規矩大聲誦讀一遍，以顯示你的公正性與合理性。其實你此時的樣子是可笑的，你在把別人當做孩子的同時，自己也成了孩子。

(3) 選擇處理策略

對於管理者來說，衝突是多樣的，對衝突的處理也不可用單一策略。你要針對不同的衝突內容與程序選擇相應的解決衝突策略。

① 合作策略：鼓勵衝突雙方結合他們的利害關係，使雙方要求得到滿足。

②分享策略：讓衝突雙方都能得到部分滿足，即在雙方要求之間尋求一個折衷的解決方案，互相作出讓步。

③迴避策略：估計雙方衝突可以透過他們自身調解加以解決，就可以迴避衝突，或用暗示的方法，鼓勵衝突雙方自己解決分歧。

④競爭策略：允許衝突雙方以競爭取勝對方，贏得別人的同情與支持。

⑤第三者策略：當存在衝突雙方皆可接受的另一位有權威且易於解決衝突的第三者，可以透過他來解決衝突。

⑥調和策略：在解決衝突過程中，運用情感與安撫的方法，使一方作出某些讓步，滿足另一方的要求。

(4) 寬恕

即要求管理者要善於容忍他人的小過與缺陷，不要小題大做，不要對人求全責備。

(5) 信任原則

即要求管理者建立信譽，對人信任。

(6) 互利原則

即要求各類人員的貢獻與其所得能保持基本平衡，並善於運用精神力量來平衡因物質短缺而引起的各種失衡心態。

員工之間發生衝突，領導者要迅速地處理，以求息事寧人，皆大歡喜。否則，對公司的人際關係會產生很壞的影響，這種影響擴散到公司的其他成員當中，釀成更大的麻煩。

管理者在處理自己與周圍人的關係時，往往能揮灑自如，這是因為他們一般都有良好的協調能力。

領導者能否與他們友好相處，互相配合，協調一致。使上下級相互溝通，同級相互信任，勁往一處使，直接影響管理的成敗。要有能妥善處理與上級、同級和下級之間人際關係的疏通、協調能力。

整合協調能力對一個欲成大事者來說尤為重要，它能真實地反映成大事者的水準。出色的整合協調能力才能讓你的計畫迅速進行，各種事情有條不紊，才能讓別人更好地為你服務。

> ★　每個人有每個人的長處，在關鍵時刻，我們更要懂得怎樣
> 　　用人，怎樣協調他們之間的關係，即使他們的能力相同，
> 　　也會有更好的協調方法。

2. 領導者要引導好內部的競爭

公司內部有競爭是必然的，有競爭，員工才有危機感，才有進取意識，才有壓力，才會保持不懈的鬥志，公司才會發展。領導者在面對競爭的時候，要做到以下幾點：

（1）有限度地鼓勵紛爭

競爭是促進進步的原動力。有限度地鼓勵紛爭，不一定要做出非常明白的表示，以暗示或默認的態度，讓紛爭的雙方獲得鼓勵。不

過這種獲得上級鼓勵的紛爭，如果雙方不知自制的話，後果也是相當嚴重的。

鼓勵紛爭，應用於雙方都有爭勝的「野心」，欲求工作上的表現或建樹。如果有「私心」介入的話，你立即出面澄清、調和，阻止紛爭的擴大。否則，將會產生不利的影響。

(2) 把紛爭當做考驗部屬的機會

領導者常常需要物色一位接班人，這位接班人無疑要在自己得力的下屬中選擇。下屬的考核，平常當然是以能力、績效、品德等項目來評定。當下屬之間發生紛爭時，也可當做考核的機會。此時你可由雙方所爭論的問題、立場、見解或動機，去了解他們的修養、氣度、眼光、忠誠等。據此作為你物色接班人的參考。

但有時紛爭一開始就被認為是一場無意義或不會有結果的爭執，為避免雙方將事態擴大，領導者應立刻出面阻止或表明態度。出面阻止或表明態度很可能造成雙方或一方的不滿，所以你要立刻私下加以安撫，免得任何一方認為他已失寵或失去信任，造成對你的懷疑或猜忌，使你失去一位得力的助手。

除非紛爭的雙方都是有修養，識大體的君子，否則，圓滿和諧的結局很不容易達成。因為紛爭大多起因於名利的追逐，彼此的動機與目的大抵如出一轍，心照不宣。目前雖因領導者出面調和，雙方暫時偃旗息鼓，可是，裂痕與尷尬卻一時難以消除，難免日後雙方又為一些陳年舊帳，再起紛爭。

(3) 調整職務

雙方的紛爭，有時很可能出於本位主義的作祟，以致攻擊對方

所屬的部門或所掌的職權，盡力維護自身的立場。本位主義的產生，一方面固然是人的本能，另一方面也可能由於溝通不夠。如果可能的話，將雙方對調職務，也許紛爭的情形即可消解。不過，這也要看工作的性質及雙方的特長而定，不可盲目調整，以致局面愈搞愈糟。

下屬之間有紛爭，領導者切忌在不明情況時就偏袒某一方。除非你已準備失去另一方的忠誠，否則，最好不要介入。這樣，你才能處於客觀，出以公正，使企業不因紛爭而受到損害。

（4）兼聽則明

有句古話，「偏信則惘，兼聽則明」，是說只有同時聽到兩種不同意見，才能在分析比較的基礎上避免片面性，得出正確結論。

有不同意見，透過爭論，各抒己見，可以找出其中的缺點與瑕疵，加以彌補，可以肯定優勢，加以發揚。在對立的衝突中，方案得到不斷地修改、更新、完善，真正成為經得起推敲的最佳方案。

所以，沒有反面意見時不宜草率作出決策。

> ★　企業領導者要引導好內部的競爭，如果造成爾虞我詐、勾
> 　　心鬥角的內部自相殘殺，那麼一個企業就很難贏得發展。

3. 領導者要正確對待下屬的紛爭

下屬的紛爭，主要是指人們在利益、意見、態度及行為方式諸方面不協調，相互之間發生的矛盾激化狀態。這些衝突給正常的生活秩序造成不同程度的危害，對目標的實現產生負面影響。

在工作中有效防止和解決衝突，就要找到矛盾焦點。無論是個人

之間還是群體之間，當衝突尚未發生之時，某一矛盾累積的問題，成為雙方關注、爭執、互不相讓的焦點，如政治方面的某個觀點，切身利益的具體專案，道德方面的某一行為傾向，情感方面的隔閡等。如雙方繼續在某個焦點上累積矛盾，發展到一定程度，就會圍繞這一點形成衝突。

社會學家認為，一個群體間的矛盾就像是一個大氣球，必然是越積越多。因此，必須在達到爆破的極限前，先釋放一些氣，避免矛盾的激化，也就不至於形成衝突。

當人們普遍就所關心的問題作了較偏激的反應時，就會形成一種時尚心理，這種心理的突出特點就是情緒色彩濃厚，相互傳染快。這些情緒色彩顯現在外，就是對有關領導者產生了較強烈的對立情緒，特別是當一部分人的要求得不到滿足時，這一特點就更加明顯。領導者如不及時加以疏導，這種對立情緒就會惡化並引發衝突。對此領導者必須從理順情緒入手，疏通宣洩管道。

當下屬之間出現矛盾時，處理這種矛盾，是足顯領導者管理水準的。處理得好，化干戈為玉帛，共同進步；處理不當，矛盾終會導致「白熱化」。到此程度，領導者也就很棘手。以下是妥善處理矛盾的幾個方法。

(1) 冷處理

當兩名下屬出現摩擦，你首先要保持鎮靜，不要因此火冒三丈、焦躁，這樣你的情緒對矛盾雙方無異於火上澆油。不妨也來個冷處理，不緊不慢之中，會給人以此事不在話下之感，人們會更相信你能公正處理。假如你自己先「一跳三尺」，處理事情顯然會不太合適，效果也不好。

　　當雙方因公事而發生「齟齬」時，「官司」打到你的眼前，這時你不能同時向兩人問話，因為此時雙方矛盾正處於頂峰。此時問話，雙方定會在你眼前又大吵一頓，讓你也捲入這場「戰爭」，雙方可能由於誰最先說一句話，而爭論不休。到底是先有雞後有蛋，還是先有蛋後有雞，此時是爭論不出個結果的。這種細節問題，也委實難以證明誰是誰非。不妨倒上兩杯茶，請他們坐下喝完茶讓他們先回去，然後分別約見。單獨約見時，請他平心靜氣地把事情的始末講述一遍，此時你最好不要插話，更不能妄加批評，要著重在淡化事情上下功夫。

　　事情往往是「公說公有理，婆說婆有理」，兩人所講的當然會有出入，且都有道理，你在一些細節問題上也不必去證明誰說的對。但是非還是要由你斷定的。當你心中有數了，此時儘管黑白已明，也不要公開說誰是誰非，以免進一步影響兩人的感情和形象。假如你公開站在甲方這邊，顯然甲方覺得有了支援氣焰大漲，而乙方則會覺得你偏袒甲方。你不妨這麼說：「事情我已經清楚了，雙方完全沒有必要吵得這麼凶，事情過去了就不要再提了。關鍵是你們要從大局出發，以後不計前嫌，精誠合作。」相信經過幾天的冷靜，雙方都有所收斂。你這麼一說，雙方有了臺階下，互相認個錯，也就一了百了。

（2）模糊處理

　　如果你的公司是新舊合併的，而你作為新公司的領導者，切忌不要有嫡系觀念。即使你不如此，也很容易出現新舊兩派之爭。這種矛盾較之兩個人之間的矛盾影響更大，危害也更大。因為雙方勢力都很強，都有自己的固定成員，雙方容易形成對峙狀態，使公司利益受損。

　　作為領導者的你處在這種關係中要善於迎合雙方心理，做到不維

護任何一方，更不能有嫡系觀念。要在公司成立的第一天就講明：「現在我們是一家人，願雙方通力合作，為新公司的發展做貢獻。」要時刻注意加強他們的公司意識，作為新公司的一個成員，而不是先前公司的職員。

如果雙方出現了矛盾，則定要圓滿解決。可分別向兩方了解情況，採取「非官方」的態度，跟雙方「談心」，此時絕不能像處理兩個人的矛盾那樣過於正式。交談中旁敲側擊地了解雙方的矛盾所在，要善於聽別人發牢騷，找出雙方爭議的關鍵所在，然後才進一步實行改善行動。不妨把過失攬到自己身上：「這些問題都怪我事先沒考慮清楚，以致於造成今天的局面，今後一定注意。另外希望雙方破除『門戶之見』，以後互相體諒，為公司大業共同獻計獻策。」這樣說一些無關大局的話，把錯攬在自己身上，雙方也就沒有什麼怨言了，此乃模糊處理。

(3) 迴避矛盾

作為一個領導者，有時公平的確很難做到，有人說世間沒有絕對公平，說來也對，人們不可能不受主觀的影響。當你實在不能公平看待，或不可能公平時，我們不妨退一步。也許「退一步海闊天空」。

法律上有一種制度叫做「迴避」。指執法人員由於某種原因不便參與該案的審判時，主動或經人申請退出這種案件的審理、調查工作。我們不妨借用一下，實在不行了，就迴避。迴避不意味著退縮，它本身就是一種公平。從某種意義上說，你迴避了更能顯示你的公平。

誰是誰非，你不去過問，而由別人處理。這並不是要領導者們學會推卸責任，而是對一些不可解決的問題進行處理的一種不得已之計。如果你的一位非常得力的下屬與你有近親關係的下屬發生爭執，

你不妨把這件事交給副手去處理，自己不要去過問。這樣做對公私雙方都不無裨益，對公，有利於保護你的得力手下，對單位當然有好處，同時也建立了自己的威信，從而贏得了下屬信任；於私則有利於你們的微妙關係。此可謂一石二鳥，何樂而不為呢？

> ★　當下屬之間出現矛盾時，處理這種矛盾，是足顯領導者管理水準的。

4. 掌握領導者與員工之間的協調溝通

美國商界對領導能力作了調查，其結論是：管理人員的時間平均有四分之三花在處理人際關係上。大部分公司的最大開支是用在人力資源上。管理者所定計畫能否執行與執行的成敗，其關鍵在於人。

從這裡可以看出，任何公司最大、最重要又最不可忽視的財富是「人」。能否協調好公司各方面的人際關係對公司的興衰成敗至關重要。

溝通協調，從一定意義上講，就是透過面對面的交談和心靈之間的溝通，最終達到說服、教育、引導和說明人的目的。做好這項工作，不僅要求領導者有掌握比較高超的人際溝通藝術。

協調溝通是團隊管理的生命線，也是團隊管理的潤滑劑。因此，領導者與員工的溝通要掌握好以下幾個方面：

(1) 平等待人

不論是一般的交流、談心，還是了解有關情況，或有針對性地對之說服、教育、責備、幫助，自己首先要明白一點，即相互之間雖有

職位高低、權力大小、角色主動與被動等差別，但在人格上則是平等的。不能居高臨下，要放下官架子，以平等的朋友式關係相待。

（2）真誠關心

每個人都渴望能引起別人的注意，得到同事，特別是領導者的關心、理解、同情和幫助。因此，作為領導者，應注意經常觀察每個下屬的言行、舉止、態度、情緒和工作方面的微小變化或波動，並分析產生這些情況的可能原因。在發現下屬的某些表現反常後，只要我們能主動創造機會，例如，管理者接待日、溝通電話等，讓他把自己的擔心、憂慮和煩惱傾訴出來，問題就解決了一大半。再加上一些分析和引導，並設身處地為他出主意、想辦法，就會使其倍感領導者的關心和組織的溫暖，並放下思想包袱，消除困惑、疑慮，解除後顧之憂，積極投入工作，當然，表達對員工的關心，應當是真誠的、負責的，虛情假意不行，不負責任更是有害。

（3）肯定優點長處

肯定、讚揚和激勵，是調動人積極性的加油站。領導者在日常工作中要經常發現員工和部下做出的成績和優點，哪怕是對平淡無奇的小事加以稱讚都能打動人，在稱讚的激勵下，人們會把事情做得更好。善於發現每個員工的「亮點」，並及時在適當場合給予由衷的表揚和讚譽，是領導者應當掌握的，比批評更為積極有效的工作方法之一。

（4）設身處地

常言道：「要想公道，打個顛倒。」這就要求領導者者要善於「換位思考」，學會設身處地站到對方的立場上考慮問題，甚至犯錯誤往往

也都是有自己「正當」的想法和理由的。善於換位思考，指出對方想法合乎情理的一面，並做同情的理解，既展現出對他人觀點的尊重，又可避免兩種觀點的正面衝突和尖銳對立。當然，設身處地和換位思考，並不等於遷就錯誤，而是為了體察事情的發生、發展，找準問題的原因和對方動機，以利於更有針對性地分析、引導，使對方較為容易地接受自己的觀點。如果不試圖理解對方，而是一開始就拿出一些大原則和大道理，直截了當地對號入座責罵對方，便很難達到比較滿意的效果。

（5）留有餘地

人們大都很愛面子，有時儘管明知是自己錯了，為了維護自己的面子，有的人往往也會強詞奪理，甚至無理糾纏。遇到此種情況，除了需要掌握恰當的方式、方法外，還要注意留有餘地，給人一個下臺的臺階，以保全對方的面子。因此，溝通協調，切忌把話說滿、說絕、說死，不講任何情面、不留一點餘地。不然，不僅談話會充滿「火藥味」，還會招致對領導者個人的敵意，形成難以化解的隔閡。留有餘地並不等於放棄原則和無條件的退讓。遇到一些重大的原則問題，當對方觀點分歧較大，情緒都比較激動或僵持不下時，一句「要不等我再了解一下情況後再談」、「請你回去再考慮一下，等有機會我們再談」，不僅可以緩解一下緊張氣氛，還可以給自己留下更多的準備或研究時間。

進行相互間的溝通與交流，是一門比較複雜的藝術。準備情況、場合、時機、在場的其他人員、談話的語氣、氣氛、雙方的表情、情緒乃至眼神、手勢等，都會對溝通效果產生較大的影響，只有在實踐中不斷探索、總結和累積，才能逐步提高。

在企業管理活動中，溝通是一個不可或缺的內容。溝通的能力對企業管理者來說，是比技能更重要的能力，營造良好的人際關係，靠的就是有效的人際溝通。實際情況是，許多優秀的管理者，同時也是溝通高手，一個成功的企業不能僅有外部溝通，由於生產力來自於企業內部，因此企業內部溝通直接影響組織效率、生產進度、生產完成率和合格率。只有當企業和員工之間有了真正意義上的相互理解，並使雙方利益具有最大限度上的一致，這個企業才能快速發展，並得到超高品質的產品和最大限度的利潤。

俗話說：「一個和尚有水喝，兩個和尚抬水喝，三個和尚沒水喝。」說的就是人與人之間的協調問題。領導者要在員工之間協調得當，讓他們不互相推諉工作。如果人人想當領導者，而不顧其他人的能力和感受，必然會導致將帥不和，指揮得不到落實，影響工作的失敗處境

所以說，要管理好一個企業，要成為一個優秀的企業領導者，就要協調好企業內部的人際關係，也只有這樣的領導者才會是一個優秀的領導者。

★ 協調溝通是團隊管理的生命線，也是團隊管理的潤滑劑。

---

5. 正確處理下屬的抱怨

如何處理好下屬的抱怨，是管理中的一件大事。處理好了，勸服好了，工作就暢通無阻，處理不好必然產生很多麻煩。掌握一定的原則，還是可以大事化小的。

作為領導者，當你受到下屬抱怨時，處理得當可以防止事態發展

成更大的人際衝突，不讓它步步升級。如果你想很好地處理抱怨，一定要記住以下幾點：

（1）不要忽視

不要認為如果你對出現的困境不加理睬，它就會自行消失。不要認為如果你對員工奉承幾句，他就會忘掉不滿，會過得快快樂樂。事情並非如此。

沒有得到解決的不滿將在員工心中不斷發熱，直至沸點。他會向他的朋友和同事發牢騷，他們可能會贊同他。這就是你遇到麻煩的時候 —— 你忽視小問題，結果讓它惡化成大問題。

（2）機智老練

不要對提建議的員工不加理睬，這樣他或她可能就沒有理由抱怨了。

（3）承認錯誤

消除產生抱怨的條件，承認自己的錯誤，並作出道歉。

（4）不要譏笑

不要對抱怨置之一笑，這樣下屬可能會從抱怨轉變為憤恨不平，使生氣的員工變得怒不可遏。

（5）嚴肅對待

絕不能以「那有什麼呢」的態度加以漠視。即使你認為沒有理由抱怨，但員工認為有。如果員工認為它是那樣重要，應該引起你的注意，那麼你就應該把它作為重要的問題去處理。

(6) 認真傾聽

認真地傾聽員工的抱怨，不僅表明你尊重員工，而且還能使你有可能發現究竟是什麼激怒了他。例如，一位打字員可能抱怨他的打字機不好，而他真正的抱怨是檔案員打擾了他，使他經常出錯。因此，要認真地聽人家說些什麼，要聽弦外之音。

(7) 不要發火

當你心緒煩亂時，你會失去控制。你無法清醒地思考。你可能會輕率地作出反應。因此，要保持鎮靜。如果你覺得自己要發火了，就把談話推遲一下。

(8) 掌握事實

即使你可能感覺到要你迅速作出決定的壓力，你也要在對事實進行了充分調查之後再對抱怨作出答覆。要掌握事實 —— 全部事實。要把事實了解透徹了，才作出決定。只有這樣你才能作出完善的決定。「急著決定，事後後悔」。記住，小小的抱怨加上你的匆忙決定可能變成大的衝突。

(9) 別兜圈子

在你答覆一項抱怨時，要觸及問題的核心。要正面回答抱怨。不要為了避免不愉快而去繞過問題，不把問題明說出來。你的答覆要具體而明確。這樣做，你的話的真意才不會被人誤解。

(10) 解釋原因

無論你贊同員工與否，都要解釋你為什麼會採取這樣的立場。如果你不能解釋，在你下達決定之前最好再考慮考慮。

(11) 表示信任

並非所有抱怨都是對員工有利的。回答「是」時，你不會遇到麻煩，回答「否」時，你就需要利用你的所有管理技能，使員工能理解並且心情愉快地接受你的決定。

在你向他們解釋過你的決定之後，你應該表示相信他們將會接受。求助於他們的推理能力，求助於他們對公平處事的認知和同等對待的信任。努力使他們明白你所作那個決定的理由，使他們同意試一試。

(12) 敞開大門

不要怕聽抱怨。「小洞不補，大洞吃苦」，這句話用於說明在萌芽階段就阻止抱怨是再恰當不過了。要永遠敞開大門，要讓員工總能找得到你。

(13) 不偏不倚

掌握事實，評估事實，然後做出不偏不倚的公正的決定。作出決定前要弄清楚員工的觀點。如果你對抱怨有了真正地了解，或許你就能夠作出支持員工的決定。在有事實依據、需要改變自己的看法時，不要猶豫，不要討價還價，要爽快。

此外，美國著名管理專家歸納幾項原則，介紹與部屬相處的方法。

(1) 不要心存成見，輕易地為屬下貼上「難纏」的標籤：每個人的個性氣質不同。只要閣下認為他是人才，不妨禮賢下士，努力與之溝通。

(2) 弄清立場，肯定對方：搞清楚你和屬下的衝突是為了公司

整體的利益，還是個人的意氣之爭。

(3)　建立共識，要求協助：開心見誠，剖心說話，互諒互解，使得員工明白，大家只為「公」，不為「私」，同是一條船，理應齊心協力，奮發向前。

佛瑞德除了上文所說的原則外，還有一項就是「自剖勝於指責」。

他認為：「做主管的要多談談「我的感受」、「我的看法」，讓員工多了解自己，而不是一味地指責：「你為什麼……」、「你為什麼不……」、「你、你、你……」只會把屬下逼進死角，心懷怨憤，伺機反撲。

如今人才難求，主管人員仍以這種態度來對待部屬，部屬不反，工作效率必受影響。

> ★ 作為領導者，當你受到下屬抱怨時，處理得當可以防止事態發展成更大的人際衝突，不讓它步步升級。

6. 調配人力資源

杜拉克說，如今，將人事部門重新命名為「人力資源部門」，正成為一種時尚。但是很少有人真正意識到，這意味著我們所需要的已經遠不止有一個更出色的人事部門。杜拉克認為：「領導者花在人的管理與進行人事決策上的時間，應當遠超過花在其他工作上的時間，因為，沒有任何別的決策所造成的後果及影響，會像人事決策與管理上出現的錯誤那樣持久而又難以消弭。」實行正確的人力資源管理，是駕馭好一個公司的最基本的手段。這方面顯示了公司管理者的能力、價值觀以及是否嚴肅認真地履行職責。成功的公司管理者，在人力資

源的管理上也是成功的，他們身邊通常有一批幹練得力、有主見又非常自信的人；他們通常會鼓勵自己的同事和部屬，讚賞並提升他們。成功的人力資源管理也存在風險：幹練得力的人通常都野心勃勃；但是，如果任用一個庸人，對於公司來說，風險更大。人力資源管理的任務是有效地選人、用人，創造性地發揮他們的能力，達到公司的目標。

在市場競爭中，勞動者作為勞動力擁有者，有權支配自身勞動力，出於某種原因，可以離開公司；而作為勞動力需求方的公司企業，也有權依據對勞動力需求情況及勞動者能力和工作表現，吸納並釋放勞動力。對於勞動力在公司內外間的這種流動，公司需要做好統合、管理和調配工作，這乃是公司人力資源管理的任務。

因為，對待人才的態度直接影響公司能否得到各方面的人才。可以毫不誇張地說，有了人才就有了公司的一切，否則公司必將倒閉。成功的公司之所以成功，用人方面首先在於它們有各自獨特而正確的人才觀，可見，能否建立起科學的人才觀是進行成功的人力資源管理的前提。

在當時的日本，曾經有三個能力、智慧高強的企業家合資創辦了一家公司，三人分別擔任會長、社長和常務董事的職位。一般人都以為這家公司的業務一定會欣欣向榮，但沒想到，反而卻不斷的虧損，讓人覺得很不可思議。

一家由三人組建的公司是一個衛星工廠，隸屬於日本一個企業集團。不久，虧損的情形很快被企業集團總部知道，馬上就召開緊急會議，檢討研究對策。最後的決定是請這家公司的社長退股，同時也取消他社長的職位。許多人猜測這家虧損的公司再經這一番撤資的打擊

後，一定維持不下去了。沒想到在留下的會長和常務董事兩人的齊心努力下，竟然發揮了公司最大的生產力，在短時間內就使生產和銷售總額都達到原來的兩倍，不但把幾年來的虧損彌補過來，並且連連創造相當高的利潤。讓所有心存猜疑的人不得不佩服他們的工作能力和配合默契。

而那位改股投資到別家關係企業的社長，自擔任會長後，反而更能充分發揮他的實力，表現了他的經營才能，也創造了不錯的業績。

在公司內部，由於技術革新，先進技術採用，勞動生產率提高，由於技術能力和管理水準的差異，產生生產工序、環節或生產部門間發展上的不平衡，或者出於公司全域工作需要等諸種原因，會出現勞動力在工廠之間、職能部門之間的重新配置，出現公司員工由低至高的升遷，或者由職能部門向生產一線的調動等等，進行這種調配，也是公司人力資源管理分內的任務。

松下曾指出：一加一等於二，這是人人都知道的算術，可是用在人與人的組合調配上，如果編組恰當，一加一可能會等於三、等於四，甚至等於五；萬一調配不當，一加一可能等於零，更可能是個負數。所以，經營者用人，不僅是考慮他的才智和能力，更要注意人事上的編組和調配。我們常聽到「量才適用」這句話，其廣義的解釋也應該包含在松下所提倡的「人事協調」在內。

> ★ 以企業而言，任何部門如果出現了這種人事調配不當，形
> 成多駕馬車而無所適從的情形，必然會使員工的情緒低
> 落，而無法發揮工作效率。相反地，如果人事調配得當，
> 優、缺點互補，大家就能愉快地同心協力，發揮出驚人
> 的績效。

7. 沉著應對，化解危機

優秀的領導者在遭遇困難的時候，他們所採取的出路就是適應時事，或者堅持進取方向，調整進取策略，或者改變進取方向，進行大規模的策略調整。

在當今這個充滿激烈競爭的時代，任何一個領導者都不可避免地會遇到某種危機的挑戰。在危機面前，領導者必須勇敢地面對危機，冷靜分析，沉著應對，除了積極採取補救措施應對外，如何將壞的情形扭轉過來，並且化危機為機遇，不斷挺進崛起。

（1）讓危機在自己面前自動化解

①抓住問題的關鍵所在

抓住問題的關鍵。在許許多多複雜的，大大小小的難題中，有的難題是其他問題的焦點，更是解決一大堆難題的中心一環。因此，抓住這個焦點，其他問題就會迎刃而解。

當然，找出了矛盾的焦點，在解決過程中還需要多方面的、綜合的配套措施，也就是說要從全域著眼，並為解決其他問題打下一個良好的基礎。

這需要總攬全域，目光敏銳，堅決果敢。

加拿大航空公司由於經營不善，長期虧損，累計債款達二十四億加幣。企業背上了沉重包袱。在這種情況下，公司請來了享有「解決難題高手」的美國人哈里斯做公司總裁。哈里斯不負眾望，在短短三年內，就使財政收支平衡，並有一億加幣的淨利。

借風上青雲

企業一旦陷入了危機，領導者不僅要從自身來挖掘潛藏的進取力，更要學會巧妙的借他人之力使自己不斷發展壯大。

選擇擺脫危機的主攻方向

在擺脫危機的過程中，領導者們會選擇一個主攻方向來進行突圍。誰都明白，如果四面進取不僅會使力量分散，而且還徒勞無功。所以進取力必須集中在一點，但進取方向的選擇又是一個大問題。根據常規思維會從薄弱環節切入，但在某些特定情況下，一個超級領導者反而會去揀「硬骨頭」啃，擒賊擒王，這樣既可做到發展力集中，而且一旦成功，「大王」被擒，「小賊」就會順風而倒。

④適應形勢，隨機應變

一個組織如果只是活在今天的世界、今天的成就中，那它必將會被這個瞬息萬變的社會所淘汰。世事滄桑，一切都在變。所以，只是維持現狀就必不能在變動的明天中生存。

(2) 高人之舉，化危機為機遇

任何事物都是一分為二的。不能單從一方面去分析。突發事件會帶來危機，危機也必然會帶來破壞和損害，但是在危機中也往往蘊含著機遇，在突發危機中更是如此。

可是，這種機遇常常是隱藏在危機背後的，和危機混在一起，而且以極快的速度閃現又消失，讓人很難去掌握。

第九章　左右逢源，心通百通

　　通常情況下，人們只會愣愣地一動不動，危機所造成的混亂就已經把他們嚇傻了。

　　一個超級領導者則會泰然處之，他們不僅看到了緊張和混亂，而且也看到了倏然一亮的機遇，趁它還沒來得及逃逸，便已牢牢地抓住它了，用來化解危機。甚至可以借用危機中的機遇來增強進取力。這樣不僅可以避免損失，而且還會解決在正常情況下無法解決的問題。

　　這就是一個領導者的能力之一。

> ★　在危機面前，領導者必須勇敢地面對危機，冷靜分析，沉著應對，化危機為機遇，不斷挺進崛起。

第十章
不斷變革，別開生面

1. 主動變革，適應發展需求

一個公司不懂得創新，等於自己把自己推向絕路。道理很簡單，你不變，別人變，等於你越來越落後；你落後了，還有出路嗎？

日本的「經營之神」松下幸之助曾經說道：「今後的世界，並不是以武力統治，而是以創新支配。」唯創新才能脫穎而出，才能發展自己，在競爭中取勝。

的確，公司的發展絕不是靠「墨守成規」、「一成不變」來謀求發展的。公司只有透過領導者的不斷變革，不斷創新，才能使公司有感召力，有生命力，有市場，公司才能取得成績。同時領導者自己也才能獲得應有的回報和創新魅力。

我們盛讚偉大的科學家、企業家、政治家、藝術家，他們是成功者中的佼佼者，因為他們為人類歷史、對人類的精神與物質財富做出了或多或少的創造性貢獻。

本世紀最傑出的經濟學家之一熊彼得（Joseph Alois Schumpeter）認為，企業家領導企業發展成功的原動力就是創新。他同時列舉了企業家應當具備的能力：

（1）發現投資機會。

（2）獲得所需的資源。

（3）展示新事業美麗的遠景，說服有資本的人參與投資。

（4）統籌整合這個企業。

（5）擔當風險的膽識。

所有有志於發展的企業家，無不經歷這個過程，無不具備這些能力。從這些能力可以看出，創新能力可展現為洞察力、預見力、想像

力、判斷力、決斷力甚至行動力等等。

由此，我們可以看到，每一個成功的領導者都需要具有開拓創新能力。如果沒有旺盛的進取心，就會被時代所拋棄；沒有開拓創新的能力，就只能因循守舊，墨守成規，工作就自然沒有起色。

因為領導活動具有綜合性、複雜性、多變性的特點，所以，領導他人是一種創造性的活動，這種創造性的活動就需要領導者具有不斷進取的創新開拓能力。尤其是在現代科學技術日新月異、資訊瞬息萬變的時代，工作的多變性和動態性更加顯著，形勢複雜多變，機會轉眼即逝。

領導者如果不善於提出新問題，開拓新領域，就無法跟上形勢的變化，就只能使自己的工作處於被動。當今世界，領導者如何正確認識和處理社會發展過程或實際工作中出現的新情況、新挑戰，需要立足於新的實踐，掌握住時代特點，研究現實中的重大問題，用創新的思維做出新的回答。唯有創新、創新、再創新，才能解決層出不窮的新矛盾、新問題，才能不斷把我們的事業推向前進。領導者的創新離不開充滿生機與活力的創新思維，這是時代的要求和歷史的必然。

很多時候，並不是領導者的天才能力成就了某項事業，相反，是那些事情本身極具挑戰性，迫使領導者不得不變換多個角度去思考同一問題，以尋找妥善的解決之道；同時，在選擇衡量最佳方法的過程中，他們發現了應對各種挑戰的有效方式。可以這樣說，創新的思維方式，成就了那些卓越不凡的領導者。

有一個故事很值得我們玩味。

從前，所羅門國王在臣民中享有崇高的威望，人民對他的英明睿智和明斷是非十分尊敬。一天，下屬帶著兩名婦女和一個嬰兒來打官

司，兩名婦女都聲稱自己是這名嬰兒的母親，請求所羅門國王進行公正裁決。這個官司還真把所羅門國王難住了，從這兩名婦女的表情和陳述中都沒有發現什麼破綻，他一時無法判定到底誰是孩子的母親。而他一旦出錯，就會永遠破壞一個家庭。

這個難題揭示了領導者所面臨的困境：

第一，世界如此複雜，即使是國王也不知道世界的全部。

第二，人是複雜的，所羅門國王既要顯示作為國王的權威，又想知道事實的真相；真正的母親因為愛孩子所以想得到他，撒謊的母親不愛孩子也想得到孩子；擲硬幣的辦法簡單易行，然而這種僅憑權威做出的決定一旦失誤，無疑會損害國王給予臣民幸福的責任。

所羅門國王故事的結果大家可能都知道，他放棄了通常採用的法律程序，選擇了一個超常規的做法：他命令手下衛士把孩子劈成兩半，一人分一半，公平解決。結果，其中一名婦女聽到這個恐怖的命令之後嚇得放聲大哭，提出自己寧願放棄這個孩子——而她，就是這個嬰兒的真正母親。至此，透過恐嚇性的心理測試，案件的結果水落石出，困境迎刃而解。

在這個故事裡，所羅門國王並沒有把這案件本身看作一個直截了當的、非此即彼的選擇，而是深入思考這個問題，穿越法律和事實的範疇，挖掘到情感和心理的深處。他運用了自己的聰明才智重構了整個事件，為自己尋找到了轉換的空間，從而把自己、嬰兒以及他真正的母親都從困境中解脫了出來。整個過程不動聲色，毫髮無傷，卻顯示出所羅門國王敏銳的思考和高超的領導能力。

在現實世界裡，作為領導者，你可能經常會面臨類似的兩難抉擇。在這個日益變化的世界裡，下屬的動機各式各樣，每個組織成員

價值和利益取向都複雜無比，而卻要求領導者帶領各種不同的組織成員去追求共同的組織目標。這就決定了所有需要領導者解決的問題不是簡單的對與錯、是與非的對立，而是要做艱難的決定。

而領導者的使命，則在於超越困境。也正是困境把那些傑出的領導者與普通人區別開來：一般人即使身處高位，也可能會判斷錯誤，其結果往往會顧此失彼；而領導者哪怕位處卑微，也會小心行事，憑耐心、智慧和堅持超越困境。透過不斷思考，不斷超越困境，最終造就了真正的領導能力。

洛克斐勒（John Davison Rockefeller）有句名言：「如果你想成功，你應闖出新路，而不要沿著過去成功的老路走……即使你們把我身上的衣服剝得精光，一點也不剩，然後把我扔在撒哈拉沙漠的中心地帶，但只要有兩個條件 —— 給我一點時間，並且讓一支商隊從我身邊經過，那要不了多久，我就會成為一個新的億萬富翁。」

洛克斐勒的這句話充滿了豪情壯志，讓人不禁動容，這無疑是做生意成功的一個根本特質，即絕地求發展，以創新做手段，天下間就無人能阻擋其鋒芒，具有這種創新精神和特質的人必然無所畏懼。

> ★ 市場上唯一不變的規律，就是市場處在永遠變化之中。企業要想在不斷變化的市場環境中求得生存與發展，唯一的出路就是不斷創新。

2. 審時度勢，制定謀略

《孫子兵法》：「途有所不由，軍有所不擊，城有所不攻，地有所不爭，君命有所不受。」這裡孫子強調將帥要根據具體情況變通應敵，

臨機處置。而孫子用「九變」來形容這種變化，可見變化之多。

打仗如此，商戰也一樣。從一定意義上來說，商場情況之複雜，變化速度之快，機遇之短暫，並不亞於兵刃上交鋒的戰場。一個職位較低的領導者如果不能在臨危時全面兼顧、靈活應變，而是機械地執行上級指令而不考慮當前的局勢，抱著固定的模式不放手，那只能導致良機錯失，最後的結果只能是被無情的市場所淘汰。

現今的市場經濟波濤洶湧，千變萬化，我們只有以變化的眼光來看待變化的市場，才能在商戰中得時順勢，勇往直前。

話說孔子東遊，來到一個地方感覺腹中飢餓，就對弟子顏回說：「前面一家飯館，你去討點飯來。」顏回即到飯館，說明來意。

那飯館的主人說：「要飯吃可以啊，不過我有個要求。」顏回忙道：「什麼要求？」主人回答：「我寫一字，你若認識，我就請你們師徒吃飯，若不認識亂棍打出。」顏回微微一笑：「主人家，我雖不才，可我也跟師父多年。莫說一字，就是一篇文章又有何難？」主人也微微一笑：「先別誇口，認完再說。」說罷拿筆寫了一「真」字。

顏回哈哈大笑：「主人家，你也太欺我顏回無能了，我以為是什麼難認之字，此字我顏回五歲就識。」主人微笑問：「此為何字？」顏回說：「是『認真』的『真』字。」店主冷笑一聲：「哼，無知之徒竟敢冒充孔老夫子門生，來人，亂棍打出！」顏回就這樣回來見老師，說了經過。孔老夫子微微一笑：「看來他是要為師前去不可。」說罷來到店前，說明來意。

那店主照樣寫下一個「真」字。孔老夫子答道：「此字念『直八』。」那店主人笑道：「果是夫子來到，請！」就這樣吃飽喝足不出一分錢走了。

顏回不懂，問道：「老師，您不是教我們那字讀『真』嗎？什麼時候變『直八』了？」孔老夫子微微一笑：「有時候一些事是認不得『真』的啊！」

《草廬經略》上說：「虛實在我，貴我能誤敵。」兵法上有實則虛之謀略，然則，這都沒有一定的規定，關鍵要看個人的悟性。兵者，「詭道」也，所謂「詭」和「譎」之類的詞語，在兵家那裡是沒有褒義和貶義之分的，而這類詞的意思就只有一個，那就是變化。在軍事上，與其說是鬥勇，不如說是鬥智；而智，就是變化。所以你要善變，不可拘泥於一格，否則就無法有所創新。

但是，誰都會「變化」，在你變化的同時對方也在變化著，因此要想取勝，就必須要掌握別人的變化，這就要採取反「常」的策略。也許從此入手更容易理解「反者，道之動也」這句話。只有勇於打破常規，勇於突破創新，你才能在任何環境中立於不敗之地，才能成就一番事業。

所以說，企業要長久發展，就要適應不斷變化的市場需求，以市場為導向，及時調整經營策略。不要拘泥於固有的框架，保持一定的靈活性，企業才能充滿活力。

> ★ 變是事物的本質特徵，只有伺機而動，以不變應萬變，才能不被時代淘汰出局。

3. 打破因循守舊，運用創新之道

任何高水準的決策，都是創造性的活動，總是以變革現狀為前提，沒有創造性的決策就沒有高成就的事業，而缺乏創新意識就不可

能有創造性的決策。因此，一個優秀的管理者，必須善於根據新問題、新情況，制定出新的政策策略。而要做到這一點，首先應該提高思考程度，努力使自己的想法觸角伸向前人未曾想到的領域，打破固有觀念在頭腦中形成的封鎖。法國著名作家莫泊桑（Maupassant）說：「應時時刻刻躲避那條被走熟的路，去尋找另一條新的路。」這是「創造新生命的唯一法門」，只滿足於已有答案的人，永遠不可能創造出思考王國的奇觀。

歷史是在創造中前進的，沒有創造，就沒有前進。凡是有作為的領導者，在其任職期間都想有所建樹，都想使自己所領導的事業有所創造，有所發展，有所前進。領導者的創意，必然要激發大眾的創造性；領導者帶給大眾的新觀念、新想法、新意識，會使社會或團體產生進步和發展的動力，鼓勵他的員工朝著這個目標努力工作。這些人不是簡單的創新者，他們是具有遠見的創新者。

納克是一名伐木工人，為公司工作了三年卻從來沒有加過薪。不久，這家公司又僱用了另一名伐木工人亞蒂，亞蒂只工作了一年，老闆就給他加了薪，而納克這時還是沒有加薪，這引起了他的憤怒，就去找老闆談這件事。

老闆說：「你現在砍的樹和一年前一樣多。我們是以產量計酬的公司，如果你的產量上升了，我會高興地給你加薪。」

納克回去了，他開始更賣力地工作，並延長了工作時間，可是他仍然不能砍更多的樹。他回去找老闆，並把自己的困境說給他聽。

老闆讓納克去跟亞蒂談談：「可能亞蒂知道一些我們都不知道的東西。」

於是，納克就去問亞蒂：「你怎麼能夠砍那麼多的樹？」

亞蒂回答：「我每砍一棵樹，就停下來休息兩分鐘，把斧頭磨鋒利，你最後一次磨斧頭是什麼時候？」

這是問題的要害，納克找到了答案。

我們的問題是：你最後一次磨斧頭是什麼時候？很多人形成了慣性思維，考慮問題都是僵化的，不會隨機應變。如果這樣，你的思路就不會開闊。因此，我們主張進行積極的思維活動，主張創新。

常變常新，創新能引起新鮮感，對於管理工作來說，不僅要制度上的創新、思想上的創新，還需要有其他方面的創新，在與別人的持續交流中學習，提高自己的創新能力，無疑會使效率有很大的提高。可見，作為領導者你一定要有創新思想。

古代遺篇《投筆膚談・家計第二》中說：「夫夫兵不貴分，分則力寡；兵不貴遠，遠則勢疏。是不惟寡弱在我，而強眾在敵也，雖我強我眾，亦防敵之乘我也。苟能審勢而行，因機而變，則敵亦焉能乘我哉？」這段話的意思是說，根據實際情況的變化來採取相應的方案和行動方式。因機而變就是靈活機變的意思。

不僅如此，隨機應變地掌握時機，無論是對於個人的人生決策，或是對企業都是十分重要的，司馬遷說：「是以無財作力，少有鬥智，既饒爭時，此其大經也。」意思是說，沒有任何資產的人首先應該憑藉自己的力氣去賺取第一桶金；小有資產的人應該憑藉自己的智慧去盡快拓寬管道、增加財富；已有富足的人要懂得隨機應變，繼續擴大財富。這是人們改善生存條件必須共同遵守的規則。

因此，我們必須明白，在任何一個市場中，如果一個企業不是最好的，那它就不屬於這個市場。市場千變萬化，市場充滿生機，市場是經濟發展的舞臺，但即使市場鮮活，如果我們的市場意識不強、觀

念落後，仍然會敗下陣來，一個公司的興衰固然與客觀因素有關係，但觀念意識跟不上發展，不能適時地改變和調整自己的經營模式、策略，是導致公司失敗的主要原因，正所謂沒有疲軟的市場，只有落後的觀念和思想。

所以，如果想要走入這個市場，就需要堅持創新，這樣可達到事半功倍，更容易更快捷地達到成功的目的。

創新是人類社會進步與發展的前提，創新思維是人類特有的認識能力和實踐能力，是人類思考的高級表現，是推動社會發展的不竭動力。一個領導者要想具備非常規的領導力，就不能一刻沒有創新；一個領導者要想擁有凝聚力，就必須不斷根據實際情況的要求進行創新思維。

> ★　人生之路千萬條，總是跟著別人腳印前進的人，只能是碌碌無為；只有敢走別人從未走過的路，另闢蹊徑，才有成功的可能、才能實現夢想。

4. 運用創新的經營之道

微軟公司的一條很重要的用人原則是：「人的最高需求是自我實現，也就是自我的管理。」

正如微軟的觀點所說，世界上唯一不變的就是變化，變化才是這個時代的永恆主題。變化無處不在，競爭隨處可見。即使我們今天享有盛譽，無所不能，我們也無法保證明天能夠繼續獲得成功，繼續享受盛名。競爭者隨時會在我們的身邊出現，我們今天的位置隨時都可能被取代。

　　我們需要做和所能做的就是積極應對變化，隨時做好應對變化的心理準備，不斷適應新的環境，不斷地激勵與發展自我，不斷更新和改善我們的工作習慣和工作技能，使我們的腳步跟上變化的節奏，持續保持戰鬥力和生命力。

　　美國第十六任總統亞伯拉罕·林肯曾說：「傲立的天才對於輕車熟路不屑一顧，他們憧憬追尋的是迄今從未開墾的土地。」

　　創新的高手不愛跟隨在別人的屁股後面走，而是勇於探索，大膽創新，另闢蹊徑走出自己的路，讓自己的才能脫穎而出。

　　一個企業若想使自己的產品牢牢吸引顧客，就要不斷地開拓市場，就要有永不停息的創新精神。很多年來，愛迪達公司之所以能牢牢吸引顧客，不斷拓展，其中，永不停息的創新精神就是其取得成功的關鍵所在。

　　在眾多的體育用品之中，球鞋可能是最主要的產品之一。據統計，愛迪達公司僅此一項，每年就生產五百多個品種，二十八萬餘雙球鞋，在一百五十多個國家的體育用品銷售中占據首位。

　　愛迪達常說：「現代的體育運動迅速發展，體育用品的生產，必須改進產品，以適應顧客的需求，否則就有被擊垮的危險。」

　　創新精神，對於企業來說是一種生存的活力，對於一個人來說，是走向成功的動力與方向。對於成大事的人來說，是一種必不可少的「手腕」。

　　要培養創新精神，就必須有用逆向思維打破常規的決心，絕不能墨守成規。只有變化，只有創新，才能出奇，敢打破常規者，他的事業將注定有大的發展。

　　人人都渴望成功。成功人士，不約而同，都是勇於變化、創造機

會、利用機會的高手。當其他人在原地踏步時，他們卻早已載著變化的竹筏，乘著機會的急流，順勢而下，「輕舟已過萬重山」，建立起了自己的事業王國。

舒馬赫講：「未來在現實是不存在的，事物在變化之前並不變化。」當前的我們無法確定未來的發展，但最重要的是我們要在未來發生變化之前及時變化自己，這樣才能尋找到更多的發展機會，發展空間。

有變化的人能夠適應外部社會的變化，並透過調整自己的行為來解決問題，爭取事情發展變化的主動權，實現個人工作和生活品質的提升。就像我們打乒乓球一樣。主要利用正、反手攻球技術的速度和力量的變化來壓制對方，爭取主動創造扣殺機會。而不懂得變化的人，通常他的思考方式是一種僵化的思考，過分強調外部環境的控制，會對工作和生活的品質產生不利影響。

常聽人說這樣一句話：「現在就這樣吧，我要等一個機會！」一個「等」字，消逝了多少歲月，而人生又有多少時間任你在等待中度過呢？所以，我們要懂得變化，有變化才有機會。一味地空等，除了虛度之外，根本沒有其他的收穫。

當環境不利於自己發展時，不要再頑固地空等機會，而要變換思路，要改變陳舊的觀念，打破世俗的牢籠。在變化中尋找機會，只有勇於改變才能有機會，只有不斷地變化，才能讓成功持久。

發展的機會大都產生於不斷變化的市場環境中，環境變化了，市場需求、市場結構必然發生變化。要將變革作為一種人生挑戰，一種考驗自己、提升自己的難得機遇，在變革中實現更大發展，最重要的是實實在在的行動。

著名管理大師杜拉克將創業者定義為那些能「尋找變化，並積極反應，把它當作機會充分利用的人」。

的確，只有那些能夠經由複雜的、不易引起人們警覺的表象，敏銳地看透事物的本質以及事物與事物之間的內在聯繫的人，才會有變化的思維，才能及時作出準確地判斷和鑒別，才能謀求到新的契機。

我們走的路不可能總是筆直平坦，難免有凹凸不平和激流險灘，在這樣的情形下，我們一味地勇往直前，就有可能碰得頭破血流，甚至是丟了性命。辦事也是如此。不可能總是「一帆風順」，巨大的困難如同攔路虎一樣，橫在我們面前，不可能每個人都是打虎英雄，與其被老虎咬得遍體鱗傷，倒不如及時變化，攀越其他之路。我們應該牢記的是：我們的最終目標不是和老虎爭鬥，而是尋找自己的發展機會。

> ★ 變化不時會出現在你的生活之中，而變化為萬物帶來無限可能，懂得變化的人會給自身的發展帶來良機，而且經由這些變化，也會發現新的前景。

5. 如何培養創新能力

有這樣一個故事：

有三座廟，這三座廟都離河邊有一段距離。怎麼解決用水問題呢？

第一座廟，和尚挑水路線比較長，一天挑了一缸就累了，做不了了。於是廟裡的三個和尚商量：我們來個接力賽吧！每人挑一段路。第一個和尚從河邊挑到半路停下來休息，第二個和尚繼續挑到山門，又轉給第三個和尚，挑到缸裡灌進去，空桶回來再接著挑，大家都不

累，水很快就挑滿了。這是合作的辦法，也叫「機制創新」。

第二個廟，老和尚把三個徒弟都叫來，說我們立下了新的廟規，要引進競爭機制。三個和尚都去挑水，誰挑得多，晚上吃飯加一道菜；誰挑得少，吃白飯，沒菜。三個和尚拚命去挑，一會兒水就挑滿了。這個辦法叫「管理創新」。

第三個廟，三個小和尚商量，天天挑水太累，想想新辦法。山上有竹子，把竹子砍下來連在一起，竹子中心是空的，然後買了一個轆轤（汲水器具）。第一個和尚把一桶水搖上去，第二個和尚專管倒水，第三個和尚暫時休息。三個人輪流換班，一會兒水就灌滿了。這叫「技術創新」。

從三個和尚沒水喝，到三個和尚透過不同的辦法達到共同的目的，關鍵在於不局限於固有的思維，發揚了團結合作、良性競爭、技術創新的精神，自然產生好結果，這種思維模式同樣適應我們的企業。企業要想持續成功，就要不斷創新。所有能夠取得新成就的企業都是在不斷創新中成長起來的，他們都擁有各自不同的創新觀念。

領導者的空間要靠自己來開拓。每一位領導者如果還想繼承下去的話，就應該十分清醒地意識到：世界每天都在翻新，新的東西層出不窮，如果不創新，不僅僅意味著落後，還意味著最終的滅亡。一個組織要生存、要發展就必須不斷創新，不斷更換自己的運作方式，這些創新來源於領導者，領導者的創新意識與創新能力在現代組織中決定著組織的生死存亡。領導者的創新特質需要他平時不斷地累積與學習，很難想像，一個一無所有、腹中全空的人會創新，因而要求領導者不能忽視學習。建立學習型組織，不僅使領導者自身的知識系統得到強化與完善，而且使組織更加智慧化，這是一切創新的基礎。

創新思維的形成方法歸納出來有以下幾點：

(1) 吸納各種創意

創意是成功者求發展的最大能量或者說是資源。有一位從事保險業的成功推銷員對拿破崙‧希爾說：「我從來不讓自己顯得精明幹練。但我是保險業中最好的一塊海綿，我盡量吸收所有良好的創意。」

(2) 嘗試變化

這是一個瞬息萬變的世界，若想求得更大的發展，就必須嘗試著去變化。比如你完全沒必要整天守著一條路線，不妨換條路線，這樣可以擴展你的能力，為日後的良性發展打下堅實的基礎。

(3) 積極進取

悲觀的人永遠都不會成為成功者，成功者總是充滿信心面對未來的發展。在激烈的競爭中發展壯大自己，就必須時刻保持創新心態，積極進取。

(4) 以更高的標準要求自己

成功者在追求發展的過程中，都會不斷為自己設定更高的標準，不斷尋找更有效的方法，或者降低成本以增加效益，或者用比較少的精力做更多的事情。「最大的成功」永遠屬於那些認為自己能把事情做得更好的人。

(5) 善於學習

成功者為求得更大的發展，總是在孜孜不倦地學習。學習有很多種管道。這裡重點講述向別人學習以提升自己的創造力。

你的耳朵就是你自己的接收頻道，它為你接受很多的資料，然後

轉變成創造力。我們當然不會從自己說的話裡有什麼收穫，但是卻能從「提問題」和「聽」中學到不少的東西。

拿破崙在年輕時就非常善於向各種人學習。他透過同上層階級的人交談過上百次之後，終於明白了一個道理：一個人身分越高、地位越高，他就越知道怎樣「鼓勵別人說話」，反而是地位低的人，才擅長滔滔不絕地講話。

所以說，無論是哪個產業的傑出領導者，他們花在請別人說話上的時間，都比他們下達命令的時間要多。傑出領導者在決定一件事情時，通常都會問：「你對這件事怎麼看？」、「提個建議好嗎？」、「如果遇到這種情況你會怎麼樣？」、「你對這件事有什麼反應？」這表面上看非常稀鬆平常，但是實際上卻為他以後的發展做了很好的鋪墊。

（6）創新要有自己的風格

創新一定要有自己的風格，否則談不上有自己的創新魅力。創新不能成為模仿，而是在激烈市場競爭中，根據自己的風格對產品進行各種改進、變換和擴充，使產品更有應變能力和競爭能力。

（7）善於掌握良機

成功者不會放棄任何一個發展良機，哪怕這個機會只是偶然的一個靈感，他們都會用發展的眼光對待它。

（8）激發靈感

成功者永遠都不會滿足自己目前的成就，他們擅長於各種方法激發自己的靈感。

創新是思想的果實，但同樣創新也要適當地管理，才能在發展中挖掘出它的最大價值。

　　每一棵松樹都會結很多的種子，但是可能只有其中的一兩顆才會成為樹，因為松樹的種子大部分都被松鼠吃掉了。創意也是一樣，松鼠就好比是消極保守的思想。一般的創意都是很脆弱的，如果不好好保護，就會被消極的思想吞掉。從創意到萌芽，到最後變成效果顯著的實施計畫，都必須經過特殊的處理，請試著用上面的方法來保護並運用自己的創意求得更好的發展。

　　所以，現代管理者應在決策活動中不斷提高自己的思考能力，使良好的思考方式形成習慣，還應該注意培養自己的思維特質，使之具有靈活性、獨立性、深廣性、系統性、敏捷性和辯證性，由此引發出創造性。為了保證決策的正確，決策者應該多一點民主精神，盡量擴大與下屬參與決策的範圍，不斷激發下屬創造性思維的積極性，集思廣益，從眾人中獲取創造性思維的成功。

★　企業離不開創新思維，而創新思維的形成需要你挑戰傳統，需要你打破牢籠，打破種種禁錮，充分發揮自己的主觀能動性。

---

6. 克服變革中的抵制因素

　　組織領導者要不斷動腦筋，要勇於超越常規思維，形成獨特思路。求異也就是求其反常、非常，創新也要求有反常、非常的起點，常與非常一般人只注意常，而思想家、科學家則注意非常。

　　領導者要勇於批判那些先入為主的東西，人為引起觀念與看法的改變。因為在同類觀念中先入為主的思維，產生了立異圖新的強大阻力，若想有創新思維，就必須努力排除這種障礙。對於符合組織

發展的事物要堅決支持，而對於不利於組織發展的事物要毫不留情地取締。

對於一個管理者而言，努力使自己適應管理環境的要求，有利於管理中變革原則的遵循，也有利於管理工作的高效率進行。

為什麼這麼說呢？原因有以下幾個方面：

（1）變革是當今時代發展的主流

因為變革帶來更新，它重塑組織、挽救企業、創建工廠、改變工作的性質，為進步的引擎加助燃料。為了企業的長久發展，管理者應當堅持不懈地變革，在變革中找到一些行之有效的管理原則。

因此，實效的變革原則是：變革管理就是展望組織大致的未來目標，並制定達到目標的措施。如果環境條件是穩定的和可預見的，那就很好辦。但是，大多數高度競爭環境的變化是充滿了不連續性和出乎意料的。因此，對於一位領導者來說，採取「爬上一座山，看兩眼，便帶幾塊石頭返回」的策略，簡直於事無補。現實世界中，恰恰存在高度的易變性，沒有持久的穩定優勢。更重要的是，所需要制定的綱要，應當是在機會出現時能夠靈活地部署力量，並能在任何條件下參與競爭。

（2）良好的管理變革是建立在良好的詳細分析基礎之上的

很多管理變革專家想預先將他們的美好設想形成方案，但「缺乏分析」的危險是存在的。世界著名企業的執行長們一般認為「80：20」的規律可應用於大多數情況，就是說，激進變革活動80%的利益得自於20%的分析。變革活動越來越須響應縮短時間的需求，強而有力的措施是抵禦習慣勢力的良好措施。

首先確定管理策略，然後將管理文化與變革緊密結合在一起。理智地講，這或許是一個非常好的主意。但需要注意的是，管理策略一般要持續執行一到三年的週期，但變革管理價值觀念和文化要花五到十五年。它有可能被重大措施所縮短，如高層員工有三分之二的人被解僱，這在大多數情況下會造成過大的破壞。

(3) 變革中不要忽視員工因素

如果沒有給員工帶來任何利益，他們會抵制變革，變革活動不考慮員工情緒，忽視員工的痛苦和既得利益，一意孤行，就注定要失敗。事實上，許多領導變革的領導者已經學會了尊重員工，並使他們能夠理解所發生的變革，即使是在他們無法從變革中受益時，他們也會理解。激進變革活動能否被大家所接受，取決於組織中面臨這個事實的每一個人，都能以坦蕩的胸懷對待變革，無論得到的是好消息還是壞消息。

(4) 變革要形成共識

實施積極的變革，必須贏得下屬和員工的擁護。領導者必須透過廣泛的評估程序、分組重點討論、發送影像資料、簡報等方式贏得員工們的衷心擁護。這也是一個理想化的目標，是勞財費時的。廣為接受的觀點是：進行激進的變革需要形成共識，但這是很難達到的。在實踐中，領導者需要走很長的路，才能贏得組織中擔任最受人尊重職務的五分之一的人的支援，在企業中，包括董事們、工會領導者、專業領導者和技術幹部，這些都是代表企業未來的人物。

> ★ 變革的原則是要求管理者和管理對象相互作出調整，以使
> 管理效率達到最大化。

7. 領導者要有長遠眼光

　　超前意識也是領導者應該具有的。超前意識是在正確認識客觀事物及其運行法則的基礎上，對事物的未來發展趨勢和發展道路所作的合理預見。現在社會發展得越來越複雜，領導者的眼光要遠，眼界要寬，看問題、辦事情要有前瞻性、預見性，尤其要對自己的直接領導、企業實踐活動的現狀、發展走勢以及外部環境有十分清楚的認知，這樣才能增強工作的主動性，才能沉著應對可能出現的各種情況，達到趨利避害的目的。

　　人的一切都被自己的大腦所控制，人的差別的本質在於思維。領導者高人一籌之處在於別人沒想到的，自己卻想到了；別人想到的，我想得更深更遠。領導者要培養自己活躍、健康的思考方式，就需要不斷地鍛鍊和充實自己，使嗅覺更加靈敏。要培養自己良好的思考習慣，多觀察、多思考、捕捉資訊、鍛鍊自己的腦袋，增強敏銳性，由單一的一元思維走向豐富的多元思維。

　　所以，領導者應該有為自己設定目標、預見未來三五年甚至更長一段時間的能力。此外，領導者還必須為經營未來及時提早地採取行動。

　　那麼，作為領導者怎樣才能具有遠見卓識，培養自己預見未來的能力呢？下面這些提示你不妨試一試：

(1) 直覺未來

直覺是遠景的不絕源泉。事實上，就定義來看，直覺和遠景有直接的關聯。而正如遠景一樣，直覺是一個「看」的字眼：也就是我們有能力去描繪圖像及想像。成功的領導者，通常會說他們的直覺一直都在主導著重要的決策。

(2) 大膽計畫

研究發現，具有遠見卓識、能預見未來的領導者，常採用大膽計畫作為推動進步的有效方法。任何一個健康的組織都有目標。

的確，在現實生活中，我們往往先去看過去的事，然後才去建構未來。同時，隨著回顧過去的經驗，我們也豐富了未來，讓未來更詳細、更具體。

領導者無法掌握未來的發展趨勢，便很難在不斷變化發展的社會形勢中掌握正確的航向。

許多曾經顯赫一時、聲勢浩大的公司之所以很快銷聲匿跡，無不與其領導者缺乏遠見有關。因此，領導者必須學會能從周圍所發生的模模糊糊的事件中探尋其涵義，並能從其紛擾的形勢中發現行之有效的方法，以此推動自己的組織踏上動盪但卻朝氣蓬勃、充滿生機的未來之路，這對領導者來說是一種挑戰。人們從大量的研究中還發現，能夠為未來做好準備的領導者，是那些了解自己過去的人。在你為未來做出遠景之前，我們建議你先回顧一下自己過去的輝煌紀錄。人們尤其喜歡由赫伯‧胥帕德和傑克‧哈雷所設計的「生命線練習」。以下是這個練習的簡化版本：

①把你的生命線畫成曲線圖，畫出幾個你生命中的巔峰和低谷，

盡你所能，從記得的開始畫，一直畫到目前為止。

②每個巔峰旁邊，寫下足以代表你生命巔峰的幾個字，在低谷旁邊也同樣照做。

③現在回頭想想每個巔峰，記下你之所以認為它是你生命巔峰的重要原因。

④分析這些重點。看看這些生命巔峰，透露出什麼主題與模態？透露出什麼樣的個人經歷？這些主題和模態透露出什麼樣的資訊，使得你個人在未來不得不加以重視？

透過這項練習會發現，這個練習很清楚也很實用，它可幫助我們弄清未來的遠景，並做好準備。

領導者還要經常問一問自己，你想要得到什麼？把你想要得到的在開頭寫上「我想要成就什麼事？」一條條列出來。針對每一項，捫心自問：「我怎樣才能實現它？」要一直不斷問自己，直到找到答案為止。借著這個練習，可刺激你弄清遠景：

我需要什麼樣的未來？

我如何改變自己或公司？

生命中有什麼任務令我產生熱情？

我對工作有何夢想？

面對公司、代理商或客戶，我扮演什麼樣的特殊角色或擁有什麼技術？

我最強烈的熱情是什麼？

什麼樣的工作令我覺得快樂而著迷？假如十年後我依舊全神貫注，會發生什麼事？

我理想中的公司，應該是什麼模樣？

其實，我們在現實中無法達到希望的水準是因為我們不認為自己能夠做到。為什麼不能？我們只不過沒有去期待或想像罷了。

心理學家指出：想像會激發出期待的心理，如果你曾經想像未來會有新的人生，你的信念和欲望將會表現在生活態度上。

事實上，你對未來做好了準備，並與你生活的態度一致，你未來的成功人生就能依照你預期的計畫進行，並塑造成你想像的人生。

未來的變化是不可避免的。這對今天的領導者們而言，他們必須要有洞察未來的睿智，要有長遠目光，著眼於長遠利益，而不要只顧眼前。

一些公司的領導者感到領導變革的風險太大，他們學會透過調整組織，使企業沿著他人開出的道路前進，以避免可能招致滅亡的挑戰和其他不確定性。但是，這些公司的領導者只是追隨者，雖然他們好好地跟著，企業也許就能生存下去，卻永遠無法掌握自己的命運。

具有長遠目光的領導者們絕不甘於步人後塵。他們所想的是創造自己的前途和預測未來可能的發展方向，而毫不猶豫地開始在新的征途上披荊斬棘。這樣的領導者經常鼓勵他的員工挑戰傳統思想，盡可能地改變本企業，以取得持續不斷的創新和進步。這些領導者考慮的不僅僅是生存，更多的是如何發展，並以未來潮流為導向。它們是規則的制定者，其他公司則是跟從者。

顯然，多思考未來，並以長遠利益為出發點，才能看清方向，掌握商機。企業家能否引領企業勝利遠航，關鍵在於其是否能夠掌握市場發展趨勢，看清前進方向，超前對商場變化的走勢、進程和結果做出正確的判斷，從而趨利避害，搶占商機，掌握競爭的主動權。而要做到這一點，領導者們就要不斷經營未來，練就策略眼光，善於高瞻

遠矚，審時度勢，從而「運籌帷幄之中，決勝市場之上」。

　　以未來為導向的領導者，才能著眼長遠，建立品牌。事實證明，如果一個領導者目光短淺，急功近利，那麼他往往會不自覺地「撈一把」，這樣就必然缺少應有的信用意識和品牌觀念，他所領導的企業也就不可能獲得長遠發展。為什麼現在很多企業活不好、長不大、命不長？一個非常重要的原因就是企業領導者缺少著眼未來的長遠經營意識，常常為了眼前的蠅頭小利，損害企業的信譽。而著眼未來的企業家，他們的著眼點不是一時一地的得失，而在於企業的長遠發展，因而往往把誠信作為經商之本，努力打造百年品牌。

　　的確，面對不斷變化的市場，必須經常地去思考未來、經營未來，以未來為導向，對準焦點。只有這樣，你才能成為市場競爭的大贏家。

> ★　下屬通常希望主管能「向前看」，擁有「長遠的眼光或方向」。不過，雖然有長遠的眼光是必要的，但策略學者蓋里・翰墨爾及布拉哈拉德卻觀察到，只有不到3%的資深經理人，會將精力花在建構未來上，這正是許多領導者失敗的重要原因。

7. 領導者要有長遠眼光

電子書購買

國家圖書館出版品預行編目資料

領導，轉型！別當整天瞎忙的主管：揮別老掉牙
的 NG 管理方法，用全新思維掌握企業未來！/
藍迪，王麗榮著 . -- 第一版 . -- 臺北市：崧燁文
化事業有限公司 , 2021.10
　　面；　公分
POD 版
ISBN 978-986-516-857-5(平裝)
1. 管理者 2. 企業領導 3. 組織管理
　494.2　　110015277

領導，轉型！別當整天瞎忙的主管：揮別老掉牙的 NG 管理方法，用全新思維掌握企業未來！

臉書

作　　者：藍迪，王麗榮

發 行 人：黃振庭

出 版 者：崧燁文化事業有限公司

發 行 者：崧燁文化事業有限公司

E - m a i l：sonbookservice@gmail.com

粉 絲 頁：https://www.facebook.com/sonbookss/

網　　址：https://sonbook.net/

地　　址：台北市中正區重慶南路一段六十一號八樓 815 室

Rm. 815, 8F., No.61, Sec. 1, Chongqing S. Rd., Zhongzheng Dist., Taipei City 100, Taiwan (R.O.C)

電　　話：(02)2370-3310　　傳　　真：(02) 2388-1990

印　　刷：京峯彩色印刷有限公司（京峰數位）

定　　價：370 元

發行日期：2021 年 10 月第一版

◎本書以 POD 印製

獨家贈品

親愛的讀者歡迎您選購到您喜愛的書，為了感謝您，我們提供了一份禮品，爽讀 app 的電子書無償使用三個月，近萬本書免費提供您享受閱讀的樂趣。

ios 系統　　　　安卓系統　　　　讀者贈品

請先依照自己的手機型號掃描安裝 APP 註冊，再掃描「讀者贈品」，複製優惠碼至 APP 內兌換

優惠碼（兌換期限 2025/12/30）
READERKUTRA86NWK

爽讀 APP

📖 多元書種、萬卷書籍，電子書飽讀服務引領閱讀新浪潮！

🎧 AI 語音助您閱讀，萬本好書任您挑選

🔍 領取限時優惠碼，三個月沉浸在書海中

🔔 固定月費無限暢讀，輕鬆打造專屬閱讀時光

不用留下個人資料，只需行動電話認證，不會有任何騷擾或詐騙電話。